AutoCAD 2020 计算机绘图

主　编　张会斌　　周乔勇

副主编　张德莹　　信丽华　　张艳青

西南交通大学出版社
·成 都·

图书在版编目（ＣＩＰ）数据

AutoCAD 2020 计算机绘图 / 张会斌，周乔勇主编
. —成都：西南交通大学出版社，2023.5
ISBN 978-7-5643-9300-7

Ⅰ．①A… Ⅱ．①张… ②周… Ⅲ．①AutoCAD 软件
Ⅳ．①TP391.72

中国国家版本馆 CIP 数据核字（2023）第 092045 号

AutoCAD 2020 Jisuanji Huitu
AutoCAD 2020 计算机绘图
主编　张会斌　周乔勇

责 任 编 辑	黄淑文
封 面 设 计	原谋书装
出 版 发 行	西南交通大学出版社
	（四川省成都市二环路北一段 111 号
	西南交通大学创新大厦 21 楼）
发 行 部 电 话	028-87600564　87600533
邮 政 编 码	610031
网　　　址	http://www.xnjdcbs.com
印　　　刷	四川森林印务有限责任公司
成 品 尺 寸	185 mm×260 mm
印　　　张	16
字　　　数	386 千字
版　　　次	2023 年 5 月第 1 版
印　　　次	2023 年 5 月第 1 次
书　　　号	ISBN 978-7-5643-9300-7
定　　　价	48.00 元

课件咨询电话：028-87600533

前　言

随着计算机技术的快速发展，工程设计行业已经甩掉了传统的绘图板、丁字尺等手工绘图工具，取而代之的是计算机辅助绘图。目前，计算机绘图软件众多，其中应用最多、使用范围最广的是美国 Autodesk 公司的 AutoCAD 软件。该软件自 1982 年推出 AutoCAD 1.0 版本以来，经过了多次的版本更新和性能完善，使其成为一款界面友好、简单易学、功能强大的计算机辅助绘图软件。近几年，每年推出一版新版本，增加新的功能。但其基本的绘图功能相差不多。

本书以 AutoCAD 2020 版为基础，以熟练绘制土木工程图样为目标，详细讲解了 AutoCAD 2020 绘制工程同样的基本方法和绘图技巧。全书内容共分九章，分别是：第 1 章 AutoCAD 2020 基本操作；第 2 章 绘制二维图形；第 3 章 绘图基本工具；第 4 章 二维图形的编辑；第 5 章 文字与表格；第 6 章 尺寸标注；第 7 章　图块和图块属性；第 8 章 工程图的绘制方法；第 9 章 三维绘图。

本书的编写人员都是多年从事 AutoCAD 绘图软件教学的一线教师，有着丰富的教学和实践经验。能够准确地把握该软件的使用要领和绘制工程图的实际需要，精心地策划了本书的结构和内容，并把多年来教授 AutoCAD 的经验与体会融入该书中。本书与其他同类书目相比，将着眼点主要放在了如何利用 AutoCAD 2020 绘制土木工程图样上，注重贯彻我国的制图标准，使读者通过本书的学习能熟练绘制出符合我国制图标准要求的工程图样。所以本书对工科学生或从事制图工作的人员，绘制土木工程图样有着更强的针对性，便于更快地学习与入门。

本书由石家庄铁道大学张会斌、周乔勇任主编，张德莹、信丽华、张艳青任副主编。其中：张会斌编写第 1 章、第 5 章，周乔勇编写第 2 章、第 6 章，张德莹编写第 3 章、第 8 章，张艳青编写第 4 章，信丽华编写第 7 章、第 9 章。

本书可以作为高等院校、职业教育和认证培训的参考教材，也可以作为土木工程技术人员学习 AutoCAD 的参考书。

由于编者水平所限，书中难免有不妥之处，恳请广大读者和任课教师提出批评意见和建议。

编　者

2023 年 3 月

目　录

第 1 章 AutoCAD 2020 基本操作

AutoCAD 是美国 Autodesk 公司开发的一种通用的计算机辅助设计软件，主要用来绘制二维图形和进行三维建模设计。Autodesk 公司 1982 年推出 AutoCAD1.0 版，以后不断升级改版，2019 年推出 AutoCAD 2020 版。随着时间推移和软件的不断完善，AutoCAD 绘图功能不断强大，是目前世界上应用最广的绘图软件。AutoCAD 具有良好的用户界面，通过交互菜单或命令行方式便可以进行各种操作。它的多文档设计环境，让非计算机专业人员也能很快地学会使用，在不断实践的过程中更好地掌握它的各种应用和开发技巧，从而不断提高工作效率。AutoCAD 在全球广泛使用，可以用于土木建筑、机械设计、装饰装潢、工业制图、电子工业、服装加工等诸多领域。

1.1 启动 AutoCAD 2020

与 Windows 平台的其他应用软件一样，启动 AutoCAD 2020 也有几种方法：

● 通过桌面快捷方式启动：双击桌面上 AutoCAD 2020 图标█就可以启动 AutoCAD。

● 通过"开始"程序菜单启动：选择"开始" ⇨ "Autodesk" ⇨ "AutoCAD 2020 简体中文（Simplified Chinese）"，也可以启动 AutoCAD。

● 通过已有的 AutoCAD 图形文件启动：双击用户已有的扩展名为".dwg"的 AutoCAD 图形文件，也可以启动 AutoCAD，并打开该图形文件。

启动 AutoCAD 2020 后，系统即进入 AutoCAD 的工作界面，如图 1-1 所示。

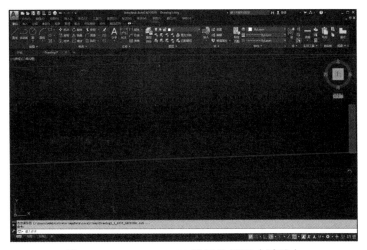

图 1-1 AutoCAD 2020 的工作界面（默认）

AutoCAD 2020 默认的工作界面是黑色的，要改变界面颜色，可以在应用程序菜单中单击"选项"，如图 1-2 所示。打开"选项"对话框，在"显示"选项卡中修改"颜色主题"为"明"，如图 1-3 所示，则除绘图区外的界面颜色显示为浅色。要想改变绘图区的底色，可单击 颜色(C)... 按钮，在弹出的对话框内将颜色改为白色。修改完底色后的工作界面及各部分名称如图 1-4 所示。

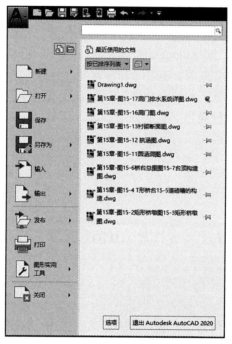

图 1-2　应用程序菜单

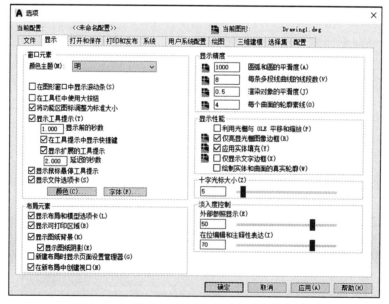

图 1-3　"选项"对话框中的"显示"选项卡

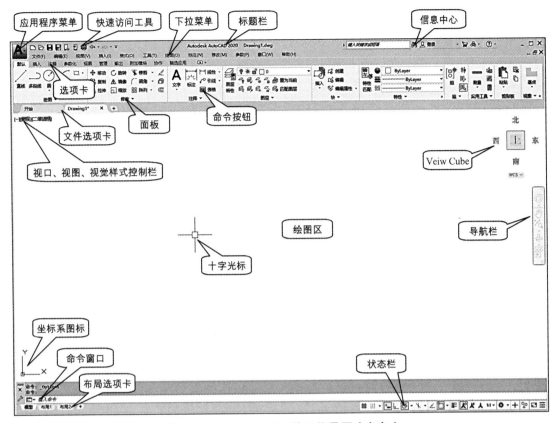

图 1-4 AutoCAD 2020 的工作界面（白色）

1.2 AutoCAD 2020 工作界面简介

AutoCAD 2020 的工作界面采用 Windows 软件常用的 robbin 界面，如图 1-4 所示。AutoCAD 2020 的工作界面主要由标题栏、应用程序菜单、快速访问工具栏、下拉菜单栏、信息中心、选项卡、命令面板、绘图区、命令行窗口和状态栏等组成。

1.2.1 标题栏

在工作界面的最上方中部是文件标题栏，其中列有应用软件的名称、版本和当前图形文件的文件名，在没有给文件命名前，默认的文件名为 Drawing（n）（n 为 1，2，3，……，n 的值由新建文件数而定）。此栏最右边的三个小按钮分别是"最小化""恢复"和"关闭"，用来控制 AutoCAD 2020 软件窗口的显示状态。

1.2.2 应用程序菜单

单击应用程序菜单按钮 ![A]，可以使用常用的文件操作命令，如图 1-2 所示。

1.2.3 快速访问工具栏

快速访问工具栏用于存放经常使用的命令，如图 1-5 所示。

图 1-5 快速访问工具栏

默认状态下，快速访问工具栏的按钮从左到右依次为：新建、打开、保存、另存为、从 web 和 mobile 中打开、保存到 web 和 mobile、打印、放弃、重做命令。用户可以自己定义快速访问工具栏中的命令按钮。单击快速访问工具栏的右侧最后一个三角形按钮可以展开一个下拉菜单，如图 1-6 所示，用户可以设置快速访问工具栏中要显示的工具，也可以关闭已显示的工具。该下拉菜单中被勾选的命令为快速访问工具栏中显示的命令按钮，单击已勾选的命令，可以关闭该命令按钮。单击无勾选的命令，可以显示该命令按钮。

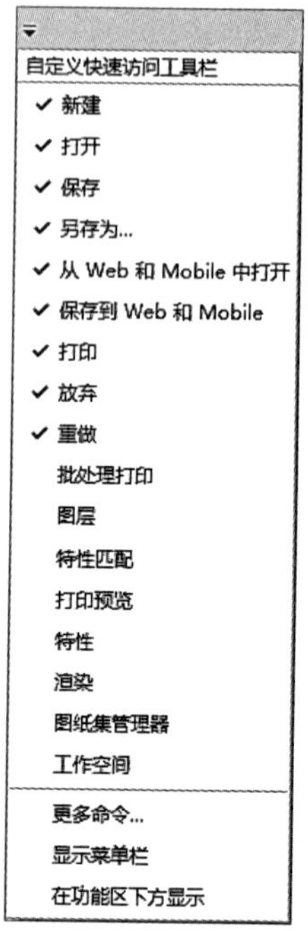

1.2.4 下拉菜单栏

在 AutoCAD 默认的工作界面中，下拉菜单栏是隐藏着的。要调出 AutoCAD 中常用的下拉菜单栏，应在图 1-6 所示的展开菜单中单击 "显示菜单栏" 项，即可在工作界面中显示下拉菜单栏，见图 1-4 所示。调出下拉菜单栏后，图 1-6 展开菜单中的 "显示菜单栏" 项变为 "隐藏菜单栏" 项，单击 "隐藏菜单栏" 可隐藏下拉菜单栏。

AutoCAD 的下拉菜单栏几乎包含了 AutoCAD 的所有命令。用户可以单击下拉菜单栏中的命令来执行相应的命令。用户在使用下拉菜单时应遵循如下约定：

图 1-6 展开的下拉菜单

1. 跟有小三角 " ▸ " 的菜单命令

表示该菜单项有下一级子菜单。例如，单击菜单栏中的 "绘图" 菜单，移动鼠标指向下拉菜单中的 "圆" 命令，就会出现 "圆" 命令的子菜单，如图 1-7 所示。

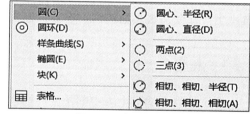

图 1-7 命令子菜单

2. 跟有省略符号 "…" 的菜单命令

表示执行该菜单项将会弹出一个对话框，以供用户进一步选择和设置。例如，单击菜单栏中的 "格式" 菜单，再单击其中的 "文字样式" 命令，将弹出 "文字样式" 对话框，如图 1-8 所示，在此用户可以设置所需要文字样式。

3. 跟有字母的菜单命令

表示打开该菜单后，按下相应的字母即可执行该菜单命令。例如打开 "绘图" 下拉菜单后，按下字母"L"即可执行"直线"命令，如图1-9所示。

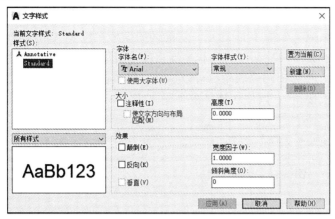

图 1-8 弹出"文字样式"对话框

图 1-9 跟有字母的菜单

4. 跟有组合键的菜单命令

表示直接按组合键即可执行该菜单命令。

1.2.5 信息中心

在信息中心单击信息中心最右端的 ⟨?⟩ 按钮或者按F1键，可以打开帮助功能，如图1-10所示。在这里可以查阅AutoCAD的各个命令和操作的使用方法。如果您是Autodesk A360用户，还可以单击"登录"按钮，登录到Autodesk服务中心，使用基于云的各项功能。需要说明的是，帮助和云功能都需要连接互联网。

图 1-10 帮助功能

1.2.6 功能区（选项卡和面板）

功能区由许多选项卡和面板组成，如图 1-11 所示。功能区的面板中包含 AutoCAD 大多数常用的命令和工具。它通过单一紧凑的界面使应用程序变得简洁有序。用户可以单击选项卡名称栏最右边的列表按钮 ，在弹出的列表中，可以选择"最小化为选项卡"或"最小化为面板标题"或"最小化为面板按钮"，以使功能区最小化。

图 1-11　功能区面板

1.2.7 绘图区

绘图区是软件窗口中间最大的空白区域，此区域是用户绘图和编辑图形的工作区域。在绘图区中，有一个十字光标线，其交点反映了光标在当前坐标系中的位置。

1.2.8 坐标系图标

在绘图区域的左下角，有一坐标系图标，用于显示当前坐标系的形式及 X、Y 坐标的正方向。AutoCAD 系统默认的坐标系是世界坐标系 WCS。

可以在"视图"选项卡⇨"视口工具"面板中单击"UCS 图标"，打开或关闭坐标系图标。

1.2.9 布局选项卡

在绘图区域的底部，有一个"布局选项卡"可以在模型空间和图纸空间之间切换。"模型"代表模型空间，"布局"代表图纸空间。通常情况下，用户都是首先在模型空间绘制图形，绘图结束后可转至图纸空间进行图纸的布局与输出。

可以在"视图"选项卡⇨"界面"面板中单击"布局选项卡"，打开或关闭布局选项卡。

1.2.10 命令窗口

在绘图区域的下方有一个输入命令的窗口，该窗口可以显示当前正在执行的命令以及命令的选项和需要输入的数值，如图 1-12 所示。

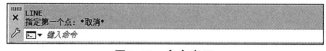

图 1-12　命令窗口

可以按"Ctrl+9"组合键，打开或关闭命令窗口。

通过按 F2 键，可以切换到 AutoCAD 的命令文本窗口，如图 1-13 所示。在命令文本窗口中，显示了当前 AutoCAD 进程中命令的输入和执行过程。再次按 F2 键，即可关闭该文本窗口。

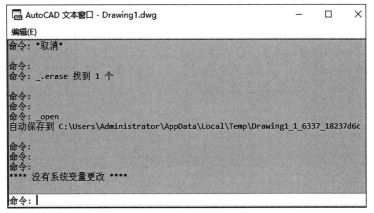

图 1-13 命令文本窗口

1.2.11 状态栏

状态栏位于工作界面的最下方，用来显示或设置当前的绘图状态，比如捕捉、正交、极轴、追踪等，如图 1-14 所示。

图 1-14 状态栏

默认情况下，不会显示所有工具，要想显示隐藏的工具，可以通过状态栏上最右侧的按钮，在"自定义"菜单中选择需要显示的工具，如图 1-15 所示。工具前面有对勾的是在状态栏显示的工具。状态栏上显示的工具可能会发生变化，具体取决于当前的工作空间以及当前显示的是"模型"选项卡还是布局选项卡。

1.2.12 ViewCube

ViewCube 是用户在二维或三维模型空间中处理图形时的导航工具。通过 ViewCube，用户可以在标准视图和等轴测视图间切换。

默认情况下，ViewCube 图标显示在绘图区域的右上角且处于非活动状态，当光标放置在 ViewCube 工具上时，它将变为活动状态。ViewCube 工具将在视图更改时提供有关模型当前视点的直观反映。用户可以拖动或单击 ViewCube 切换至所需视图。

可以在"视图"选项卡➪"视口工具"面板中单击"View Cube"，打开或关闭 View Cube 图标。

1.2.13 导 航 栏

导航栏是一种用户界面元素，用户可以从中访问通用导航工具。

图 1-15 "自定义"菜单

默认情况下，导航栏在当前绘图区域的一个边上方沿该边浮动。导航栏的 5 个工具分别是导航控制盘、平移、缩放、动态观察和 ShowMotion。

可以在"视图"选项卡⇨"视口工具"面板中单击"导航栏"，打开或关闭导航栏。

1.2.14 文件选项卡

绘图区的上方是文件选项卡。当打开多个文件时，可以方便地进行文件切换，如图 1-16 所示。

图 1-16 文件选项卡

可以在"视图"选项卡⇨"界面"面板中单击"文件选项卡"，打开或关闭文件选项卡。

1.2.15 视口、视图和视觉样式控制栏

绘图区的左上方是视口控制、视图控制和视觉样式控制栏，可以进行视口设置、视图切换和视觉样式的切换。

1.3 图形文件的基本操作

图形文件的基本操作主要包括新建文件、保存文件、打开文件和关闭文件。

1.3.1 新建图形文件

在应用 AutoCAD 进行绘图时，用户首先做的工作就是创建一个图形文件。新图形是通过默认图形样板文件或用户创建的自定义图形样板文件来创建的。图形样板文件存储默认设置、样式和其他数据。

AutoCAD 启动后默认将显示"开始"选项卡。在此处，单击"开始绘图"可以基于当前的图形样板文件快速开始绘制新的图形文件，用户也可以通过"样板"列表指定其他样板文件来开始绘制新的图形，如图 1-17 所示。

图形样板文件是使用.dwt 文件扩展名保存的图形文件，并指定图形中的样式、设置和布局，包括标题栏。默认图形样板文件作为样例提供。

用户也可以通过"新建"图形文件命令来创建一个新的图形文件。执行"新建"图形文件命令的方式有以下 3 种方法：

- 命令行：New。

图 1-17 开始绘图

- 下拉菜单："文件" ⇨ "新建"。
- 快速访问工具栏："新建"按钮 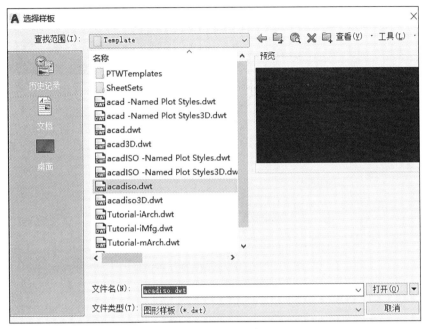。

执行"新建"文件命令后，都会弹出"选择样板"对话框，如图 1-18 所示。

图 1-18　使用样板

　　用户可以在样板列表中选择合适的样板文件，单击"打开"按钮，就以选定的样板新建了一个图形文件。除了系统给定的这些样板文件以外，用户还可以自己创建所需的样板文件，供以后多次使用。

　　样板文件是预先对绘图环境进行了设置的"图形模板"，用作绘制其他图形的起点，可以减少一些重复性的设置工作。

1.3.2　保存图形文件

　　用户绘制的图形文件要及时保存，当用户需要保存当前图形时，可以采用以下两种方式。

1. 以当前文件名保存图形

执行"保存"图形文件命令有 3 种方法：
- 命令行：qsave。
- 下拉菜单："文件" ⇨ "保存"。
- 快速访问工具栏："保存"按钮 █。

　　执行保存命令后，若文件已命名，则 AutoCAD 自动保存。若文件尚未命名，则系统将弹出"图形另存为"对话框，如图 1-19 所示，用户可以在该对话框中指定要保存的文件夹、文件名称和文件类型等。

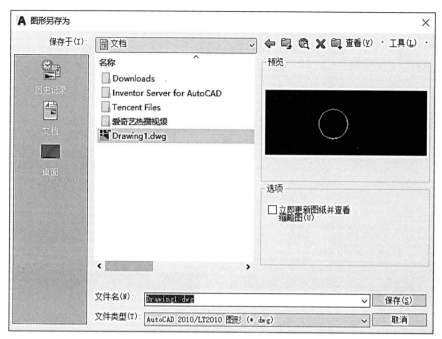

图 1-19　"图形另存为"对话框

2. 指定新的文件名保存图形

如果用户希望将当前文件以其他文件名保存，应选择菜单"文件"⇨"另存为"菜单项，此时系统也将弹出"图形另存为"对话框，如图 1-19 所示，用户可以对当前图形文件另外赋名保存，保存后当前图形文件变为更名后的图形文件。

AutoCAD 保存的图形文件扩展名为".dwg"，当图形文件第一次保存时，在指定的文件夹中生成一个扩展名为".dwg"的图形文件。当再次执行保存命令时，除了生成一个扩展名为".dwg"的图形文件，还生成一个扩展名为".bak"的备份文件。以后每次执行保存命令，都会生成一个扩展名为".dwg"的图形文件和一个扩展名为".bak"的备份文件。

在 AutoCAD 各版本中，高版本软件可以打开低版本的图形文件，但低版本软件不能打开高版本的图形文件。高版本软件画的图形文件要想用低版本软件打开，需要将其保存为低版本图形文件。保存的方法有两种：一种是执行"另存为"命令，在"文件类型"中选择低版本的图形文件；另一种是在"选项"对话框⇨"打开和保存"选项卡中，将文件保存类型设置为低版本图形文件，如图 1-20 所示。要打开"选项"对话框，可以单击"应用程序菜单"里的"选项"按钮。设置完后，再执行"保存"命令时，AutoCAD 将自动把文件保存为所设置的版本。例如，将文件保存设置为"AutoCAD 2010/LT2010 图形（*.dwg）"，执行保存后，用 AutoCAD 2010 版及以后的任意版本软件将都能打开该图形文件。

1.3.3　打开图形文件

当用户要对已有的图形文件进行编辑修改时，就要把该文件打开，以进行浏览或修改，执行"打开"图形文件命令的方式有如下 3 种：

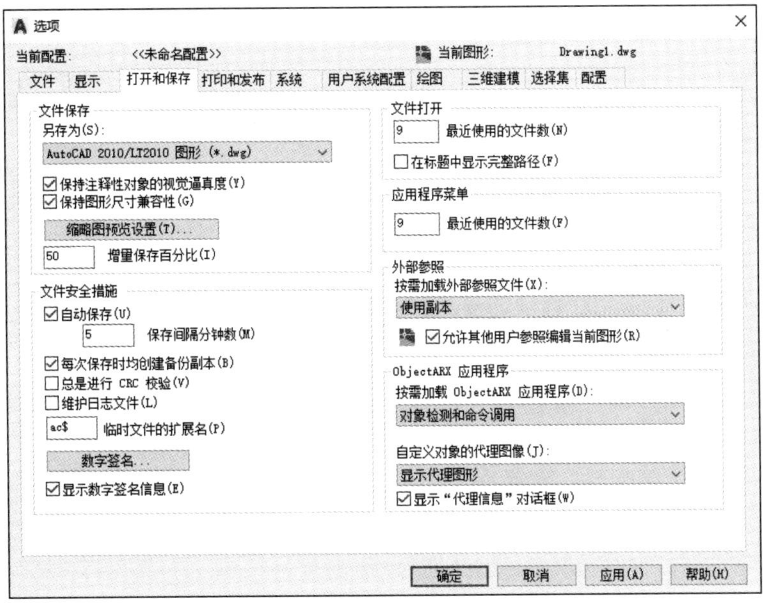

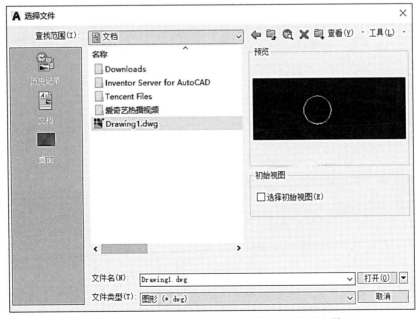

图 1-20 "选项"对话框中的"打开和保存"选项卡

- 命令行：open。
- 下拉菜单："文件" ⇨ "打开"。
- 快速访问工具栏："打开"按钮 📂。

执行"打开"文件命令后，系统将弹出"选择文件"对话框，如图 1-21 所示。在"选择文件"对话框中，先选择存放文件的文件夹，再选择要打开的一个或多个文件后，单击"打开"按钮，即可一次打开所选择的一个或多个图形文件。用鼠标在要打开的图形文件上双击，也可以打开该图形文件。

图 1-21 利用"选择文件"对话框打开图形文件

.1.3.4 关闭图形文件

当用户对图形绘制或编辑完成后，就要关闭该图形文件。执行"关闭"图形文件命令的方式有如下 3 种：

- 命令行：close。
- 下拉菜单："文件" ⇨ "关闭"。
- 点击菜单栏右边的"关闭"按钮 ☒（如果不显示菜单栏，则可以单击文件窗口右上角的"关闭"按钮 ☒，注意不是应用程序的关闭按钮）。

执行"关闭"文件命令后，如果该文件最后一次执行完保存命令后没有进行其他操作，则文件直接关闭。如果最后一次执行完保存命令后又进行了其他操作，则系统将弹出"关闭文件"对话框，如图 1-22 所示，提示是否将文件保存。单击"是"按钮，会弹出"图形另存为"对话框，保存方法按照上面的步骤进行即可，保存后文件被关闭；如果单击"否"按钮，文件不保存而关闭。

图 1-22　关闭图形文件时的提示信息

1.3.5 退出 AutoCAD

退出 AutoCAD 系统的方法与关闭图形文件的方法类似。"退出"AutoCAD 系统的方式有如下两种：

- 下拉菜单："文件" ⇨ "退出"。
- 点击应用程序标题栏最右边的"关闭"按钮 ☒。

执行退出命令后，如果打开的图形文件保存过后，未进行其他操作，软件将自动退出。如果打开的图形文件没有保存过，系统将会给出如图 1-22 所示的是否保存的提示信息，用户根据需要选择是或者否或者取消，如果选择"是"，接下来的操作与上面讲的方法和步骤相同，操作完毕则退出 AutoCAD 系统。如果同时打开多个图形文件，则每个图形文件都会按上述过程执行。

1.4　AutoCAD 命令的执行

在 AutoCAD 中，用户进行的所有操作都是通过命令来实现的。用户通过命令来告知 AutoCAD 要进行什么操作，AutoCAD 将对命令做出相应的响应，并在命令行中显示命令的执行状态或需要进一步操作的选项。因此，用户必须掌握执行命令的方法，掌握命令提示中常用选项的用法及含义。

AutoCAD 有多种执行命令的方式，用户可以选择其中任意一种方式，建议用户在实践中找到适合自己的、最为方便快捷的命令执行方式。

1.4.1 命令的执行方式

用户可以采用下列方式执行命令：

（1）在命令行中直接键入命令。

用户在命令行中键入命令全称并按回车键或空格键可以激活该命令，而对于一些常用命令，都有 1~2 个字符的简写命令，用户可以在命令行直接键入其简写命令并按回车键或空格键来激活该命令。例如，直线命令可以键入直线全称"line"并按回车键或空格键来执行，也可以键入简写命令"L"并按回车键或空格键来执行。

（2）单击功能区面板中的命令图标。

单击功能区面板中的命令图标执行命令，该方法形象、直观，是初学者最常用的方法。将鼠标在图标处停留数秒，会显示出该图标的名称，帮助用户识别。有的图标后面或下面有的图标 ，可以单击该箭头图标，在弹出的列表中选择相应的命令。

（3）单击"下拉菜单"选择相应命令。

单击下拉菜单中的命令来执行相应的命令，一般常用的命令都可以在下拉菜单中找到，它是一种较实用的命令执行方法。但是由于下拉菜单较多，它又包含许多子菜单，单击的次数就较多，所以通过下拉菜单执行命令效率相对较低。

（4）使用"快捷菜单"。

用户在绘图区内单击鼠标右键或选择某对象后再单击鼠标右键，系统会弹出一个快捷菜单，在弹出的快捷菜单中选择相应的命令或选项即可执行命令。

（5）直接按空格键或回车键。

直接按空格键或回车键可以执行刚执行过的最后一个命令。因为绘图时有时会重复使用某一个命令，使用这种方法可以快速重复执行同一个命令。

用户无论以哪一种方式执行命令，在命令提示行中都会有相应的命令提示，且提示内容都相同。用户在执行命令时要注意观看命令行的提示，根据提示进行相应的操作。

1.4.2　响应 AutoCAD 命令

用户执行命令后，需要对命令做出相应的响应，以完成命令操作。这些响应包括：指定一点、输入距离、输入角度、选择对象、选择命令选项等，这时可以通过键盘、鼠标的操作来响应。

● 在命令行出现"指定点"的提示时，可以直接从键盘键入坐标值，也可以用鼠标在绘图区拾取一点来响应。

● 在命令行出现"选择对象"的提示时，可以直接用鼠标在绘图区选取对象来响应。

● 当命令有选项（命令提示文字后方括号"[]"内的内容便是）需要选取时，可以直接从键盘键入选项后面圆括号内的字母或数字，也可以使用向下光标键在弹出的快捷菜单中用鼠标选择选项来响应。注意：用后一种方式选取时，"动态输入"必须打开。例如，执行画圆命令后，在命令提示窗口中出现提示为：

命令：circle 指定圆的圆心或[三点（3P）/两点（2P）/相切、相切、半径(T)]:

选取选项的第一种方式是：用键盘键入该选项后面圆括号中的字符，然后按回车键或空格键来确认。例如要三点画圆，可以直接在键盘上键入"3P"回车即可。

选取选项的第二种方式是："动态输入"为打开状态，在绘图区呈现动态跟随的小窗口（图 1-23）时，按键盘上的向下光标键，在弹出的光标菜单（图 1-24）中，用鼠标选择"三点（3P）" 即可。

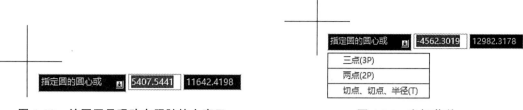

图 1-23　绘图区呈现动态跟随的小窗口　　　　　　图 1-24　光标菜单

1.4.3　放弃与重做命令

在 AutoCAD 中，用户可以方便地重复执行同一条命令，或撤销前面执行的一条或多条命令。此外，撤销前面执行的命令后，还可以通过重做来恢复前面撤销的命令。

1. 放弃命令

有多种方法可以放弃最近一个或多个命令操作，执行"放弃"命令的方法：

- 快速访问工具栏：单击"放弃"按钮 ，取消最近一个命令操作。
- 下拉菜单：选择"编辑" ⇨ "放弃"菜单项。
- 在命令行键入"UNDO"或"U"回车。

使用 UNDO 命令可以一次放弃多个操作，一次撤销前面进行的多个操作的步骤如下：

（1）在命令行输入 UNDO 并回车。命令行提示"输入要放弃的操作数目或 [自动 (A)/控制 (C)/开始 (BE)/结束 (E)/标记 (M)/后退 (B)]<1>："。输入要放弃的操作数目。例如，要放弃最近的 5 个操作，应输入 5 并回车，AutoCAD 将显示放弃的命令或系统变量设置。

（2）单击快速访问工具栏"放弃"右边的小箭头，在弹出的下拉列表（图 1-25）中选择要放弃的操作，也可以一次撤销前面进行的多个操作。

图 1-25　多重"放弃"

2. 重做命令

重做命令可使用户恢复使用"放弃"命令 撤销的操作。要恢复上一个放弃操作，重做命令必须紧跟在放弃命令之后。

执行重做命令的方法有如下几种：

- 快速访问工具栏：单击"重做"按钮 。
- 下拉菜单：选择"编辑" ⇨ "重做"菜单项。
- 在命令行键入"REDO"回车。

执行 REDO 命令后，AutoCAD 将取消先前的 UNDO 命令。

单击快速访问工具栏"重做" 右边的小箭头，在弹出的下拉列表（图 1-26）中选择要重做的操作，可以一次恢复前面进行的多个"放弃"操作。

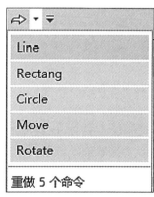

图 1-26　多重"重做"

1.4.4　鼠标的操作

在 AutoCAD 中，鼠标的左、右键和滚动轮有着不同的功能。

1. 单击左键

左键是绘图过程中使用最多的键，主要为执行命令或拾取功能。单击面板中的命令按钮或菜单中的选项以执行相应命令。也可以在绘图过程中通过单击左键来选择已有对象等。

2. 单击右键

右键默认设置用于显示快捷菜单。单击右键可弹出快捷菜单。在执行命令时单击右键，在弹出的快捷菜单中单击"确定"可结束命令。

3. 滚动滚轮

在绘图区滚动滚轮，可以实现视图的实时缩放，即向下滚动滚轮，图形缩小；向上滚动滚轮，图形放大。

在绘图区按住滚轮并移动鼠标，可以实现视图的实时平移。

1.5　坐标系

AutoCAD 图形中各点的位置都是由坐标来确定的，为此 AutoCAD 提供了两种坐标系：世界坐标系（WorldCoordinateSystem，WCS）与用户坐标系（UserCoordinateSystem，UCS）。通过 AutoCAD 的坐标系可以精确绘制图形，利用点的坐标可以很容易地、精确地定出点的位置，从而可以精确地作图。

1.5.1　世界坐标系与用户坐标系

1. 世界坐标系 WCS

当进入 AutoCAD 界面时，系统默认的坐标系是世界坐标系，X 轴正向为水平向右方向，Y 轴正向为垂直向上方向。世界坐标系还有一个 Z 轴，其正向为垂直屏幕方向向外。在绘制二维平面图时，Z 坐标默认为 0。

2. 用户坐标系 UCS

世界坐标系是固定不变的，但用户根据使用的需要，可以定义一个使用更为方便的坐标系，即为用户坐标系。用户坐标系的原点可以定义在绘图区的任意位置，它的坐标轴可以旋转任意角度。

1.5.2　坐标的表示方法

1. 直角坐标

直角坐标包括 X、Y、Z 三个坐标值。在平面绘图时，Z 坐标值默认为 0，不予输入，只输入 X、Y 两个坐标值，坐标值之间必须用英文逗号","隔开，如"30,10"。

2. 极坐标

极坐标包括长度和极角两个值，长度为输入点与当前坐标系原点的连线长度，极角为输入点和当前坐标系原点的连线与 X 轴正向的夹角（逆时针为正，顺时针为负），它只能表达二维点的坐标。在长度和极角两个值之间用小于号 "<" 隔开，如 "60<30" 表示输入点距坐标系原点为 60，极角为 30°。

3. 绝对坐标与相对坐标

绝对坐标是指相对于当前坐标系原点的坐标，当前坐标系既可以是世界坐标系，又可以是用户坐标系。坐标类型既可以是直角坐标，又可以是极坐标。

相对坐标是指输入点与相对点的相对位移值，默认情况下相对点即为上一个输入的点。为区别于绝对坐标，相对坐标应在坐标数值前加一符号@，例如，"@20，10" 和 "@50<30" 均为合法的相对坐标。需要说明的是，在相对极坐标中，长度为输入点与前一点的连线，极角为输入点和前一点连线与 X 轴正向的夹角。在实际绘图时，用户更容易确定点与点之间的相对坐标。因此，用户定点使用相对坐标更为方便。

1.6　设置绘图单位

图形单位是绘图时所采用的单位，用户创建的所有对象的大小都是根据图形单位进行测量的。用户可以根据需要设置绘图单位的数据类型和数据精度。

执行设置绘图单位的方式如下：

- 命令：units。
- 下拉菜单："格式" ⇨ "单位"。

执行命令后，系统会弹出 "图形单位" 对话框，如图 1-27 所示。用户可以对绘图的长度单位及其精度、角度单位及其精度、插入时的缩放单位等进行设置。

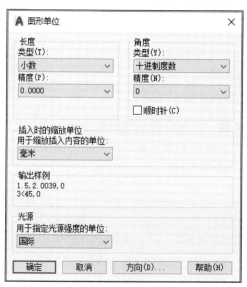

图 1-27　"图形单位" 对话框

1. 长度单位及其精度的设置

单击"长度"选项区的"类型"下拉列表框右侧的向下箭头，打开其下拉列表，选择绘图所使用的单位类型，如分数、工程、建筑、科学、小数等。默认是小数，是符合我国国标的长度单位类型。其中，"工程"和"建筑"单位格式采用的是英制（如 5'-8.0000″，2'-01/16″等）。若打开其下方的"精度"下拉列表框，则用户可选择长度单位的精度。用户可根据需要选择合适的精度。

2. 角度单位及其精度的设置

单击"图形单位"对话框"角度"选项区"类型"下拉列表框右侧的向下箭头，则可打开其下拉列表，并可在下拉列表中选择角度的单位。同样，打开其下方的"精度"下拉列表框，可选择角度的精度。默认情况下，角度计算方向以逆时针为正，若选中"顺时针"复选框，表示角度计算方向以顺时针为正。

3. 插入时的缩放单位的设置

单击"插入时的缩放单位"选项区的"用于缩放插入内容的单位"下拉列表框，可以对将当前图形引用到其他图形中时所用的单位做一个指定。尽管 AutoCAD 中的绘图单位是无量纲的，但是涉及和其他图形相互引用时，必须指定一个单位，AutoCAD 将自动地在两种图形单位之间进行换算。

1.7　上机实验

实验 1　熟悉 AutoCAD 2020 工作界面

目的要求：

工作界面是用户绘制图形的平台，熟悉"草图与注释"工作界面有助于用户方便快速地绘图。本实验要求熟悉"草图与注释"工作界面中标题栏、应用程序菜单、快速访问工具栏、下拉菜单栏、选项卡、命令面板、绘图区、命令行窗口和状态栏等在工作界面的位置及功能。

实验 2　设置绘图单位

1. 目的要求

新建图形文件都有一个默认的绘图单位，要求将绘图单位设置如下：长度类型设置小数，精度设置为整数；角度类型设置为十进制，精度为保留 2 位小数。通过本次实验，认识绘图单位的设置方法。

2. 操作提示

（1）单击"格式"下拉菜单，选择"单位..."选项，系统会弹出"绘图单位"对话框。

（2）在该对话框里进行相应的设置。

（3）设置完成后，单击"确定"按钮，退出该对话框。

实验3 命令的执行方式

目的要求：熟悉命令的各种执行方式，找出适合自己的命令执行方式，能够极大地提高绘图的效率。要求分别使用在命令行键入命令、选择下拉菜单、单击面板按钮等方式尝试执行"直线"命令来绘制直线。

实验4 文件管理

目的要求：文件的新建、打开和保存等是文件管理的最基本的操作。要求用户新建一个图形文件、关闭并保存该文件（不退出 AutoCAD 的情况下），文件命名为"基本练习.dwg"。

第2章 二维图形的绘制

二维图形的绘制是 AutoCAD 的绘图基础。各种图形的绘制都是通过各种绘图命令来实现的。在 AutoCAD 中，绘图操作的方法很多，也很灵活，能够适应不同的用户要求。可以通过使用"绘图"下拉菜单、功能区"绘图"面板、命令行键入命令等方式来实现绘制各种不同的图形对象。

2.1 "绘图"下拉菜单及功能区

2.1.1 "绘图"下拉菜单

"绘图"下拉菜单如图 2-1 所示，包含了 AutoCAD 中常用的绘图命令及绘制图形的最基本的方法，用以绘制出相应的图形。

2.1.2 功能区"绘图"面板

功能区"绘图"面板如图 2-2 所示，其中的每个按钮都与"绘图"下拉菜单中的命令相对应，单击某个按钮可执行相应的绘图命令。若面板上没有所需绘图命令，还可以点击面板底部的"绘图"按钮右侧的向下箭头 ，从其下拉列表中选择相应的绘图命令。

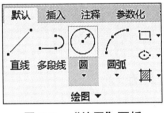

图 2-2 "绘图"面板

图 2-1 "绘图"下拉菜单

2.2 直线类对象

2.2.1 直线段

功能：创建一系列连续的直线段。每条线段都是可以单独进行编辑的直线对象。

1. 激活"直线"命令的方式

● 命令行：LINE 或 L。

- 下拉菜单："绘图" ⇨ "直线"。
- 功能区"默认"选项卡"绘图"面板："直线"按钮▨。

2. "直线"命令执行过程

命令：_LINE

指定第一点：（指定所绘制直线的起始点）

指定下一点或[放弃(U)]：（指定所绘制直线的另一个端点）

指定下一点或[退出(E)/放弃(U)]：（放弃当前点，输入 U 回车）

指定下一点或[关闭(C)/退出(X)/放弃(U)]：（闭合线段，输入 C 回车结束命令）

在绘制时应注意以下几点：

（1）在"指定下一点"提示时，按 Esc 或 Enter 或空格键结束命令。

（2）指定直线的每一端点时，既可以用鼠标直接在绘图区中所需位置拾取，也可以通过键盘输入点的坐标指定一个点；既可以输入点的绝对坐标，如"20,30"、"15<45"，也可以输入点的相对坐标，如 "@10,20"、"@50<30"。

例 2–1　绘制边长为 100 的等边三角形，如图 2-3 所示。

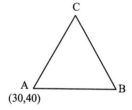

图 2-3　绘制等边三角形

命令：_LINE

指定第一点：（输入 A 点的绝对坐标 30，40 回车）

指定下一点或[放弃(U)]：（输入 B 点的相对坐标@100，0 回车）

指定下一点或[退出(E)/放弃(U)]：（输入 C 点的相对极坐标@100<120 回车）

指定下一点或[关闭(C)/退出(X)/放弃(U)]：（闭合线段，输入 C 后回车）

2.2.2　射　线

功能：绘制单方向无限延伸的直线，射线主要用于绘制辅助线。

1. 激活"射线"命令的方式

- 命令行：RAY。
- 下拉菜单："绘图" ⇨ "射线"。
- 功能区"默认"选项卡"绘图"面板："射线"按钮▨。

2. "射线"命令执行过程

命令：_ray

起点：（指定射线起点）

指定通过点：（指定射线通过的另一点）

指定通过点：（可以绘制通过起点的多条射线，直到按 Esc 键或 Enter 键结束命令）

图 2-4 所示为通过 O 点绘制的射线。

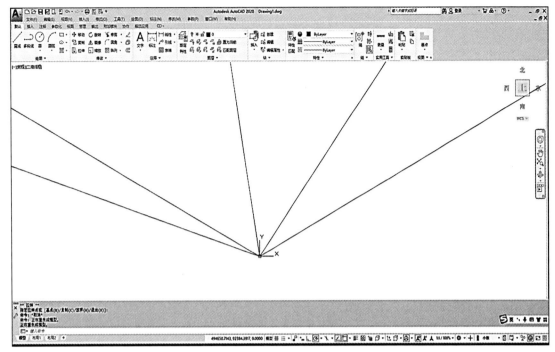

图 2-4　绘制射线

2.2.3　构造线

功能：可以绘制两端无限延伸的直线，一般作辅助线用。

1. 激活"构造线"命令的方式

● 命令：XLINE 或 XL。
● 下拉菜单："绘图" ⇨ "构造线"。
● 功能区"默认"选项卡 ⇨ "绘图"面板："构造线"按钮 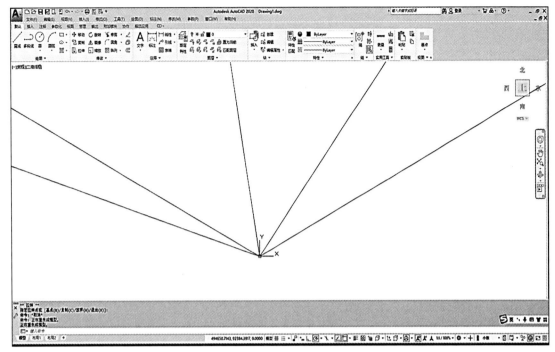。

2. "构造线"命令执行过程

命令：_xline

指定点或[水平(H)/垂直(V)/角度(A)/二等分(B)/偏移(O)]：

可以通过指定两点的形式绘制构造线，也可选其他选项绘制各种构造线。

其他各项的含义如下：

水平(H)：绘制水平的构造线。

垂直(V)：绘制垂直的构造线。

角度(A)：绘制与 X 轴呈指定角度的构造线。

二等分(B)：绘制平分指定角度的构造线，需要指定等分线的顶点、起点和端点。

偏移(O)：绘制与指定线相距给定距离的构造线。

水平、垂直和角度构造线如图 2-5 所示。

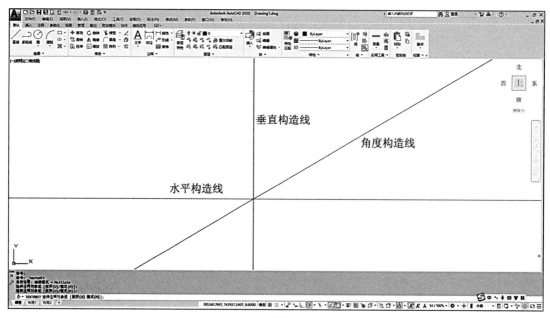

图 2-5　绘制构造线

2.3　圆弧类对象

2.3.1　圆

功能：根据已知条件绘制圆。

1. 激活"圆"命令的方式

- 命令：CIRCLE 或 C。
- 下拉菜单："绘图" ⇨ "圆"。
- 功能区"默认"选项卡"绘图"面板："圆"按钮 ⊙。

2. "圆"命令执行过程

单击功能区"默认"选项卡⇨"绘图"面板⇨"圆"按钮 ⊙，即可看到有 6 种方式绘制圆，如图 2-6 所示。

（1）圆心、半径(R)—通过圆心和半径来绘制圆。

执行该选项的绘圆命令后，命令行提示：

命令：_circle

指定圆的圆心或[三点（3P）/两点（2P）/相切、相切、半径(T)]:（指定圆心）

图 2-6　六种"圆"
绘图方式

指定圆的半径或[直径(D)]:（输入半径 10 回车，或用鼠标在绘图区上拾取两个点）

执行结果如图 2-7（a）所示。

（2）圆心、直径(D)—通过圆心和直径来绘制圆。

执行该选项的绘圆命令后，命令行提示：

命令：_circle

指定圆的圆心或[三点（3P）/两点（2P）/相切、相切、半径(T)]：（指定圆心）

指定圆的半径或[直径(D)]：（输入 D 并回车）

指定圆的直径〈原直径默认值〉：（输入圆的直径 20 回车）

执行结果如图 2-7（b）所示。

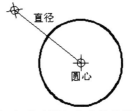

（a）通过圆心和半径绘图　　　　　　　　（b）通过圆心和直径绘图

图 2-7　通过圆心和半（直）径绘制圆

（3）两点（2P）—通过两点来绘制圆，两点间的距离为圆的直径。

执行该选项的绘圆命令后，命令行提示：

命令：_circle

指定圆的圆心或[三点（3P）/两点（2P）/相切、相切、半径(T)]：2P↙（选择两点方式绘制圆）

指定圆直径的第一个端点：（指定圆直径的第一个端点）

指定圆直径的第二个端点：（指定圆直径的第二个端点）

执行结果如图 2-8（a）所示。

（4）三点（3P）—通过三点来绘制圆。

执行该选项的绘圆命令后，命令行提示：

命令：_circle

指定圆的圆心或[三点（3P）/两点（2P）/相切、相切、半径(T)]：3P↙（选择三点方式绘制圆）

指定圆上的第一个点：（指定圆上第一个点）

指定圆上的第二个点：（指定圆上第二个点）

指定圆上的第三个点：（指定圆上第三个点）

执行结果如图 2-8（b）所示。

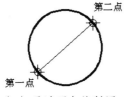

（a）通过两点绘制图　　　　　　　　　　（b）通过三点绘制图

图 2-8　通过两（三）点绘制圆

（5）相切、相切、半径(T)—绘制与两个图形对象相切、指定半径的圆。

如图2-9（a）所示，执行该选项的绘圆命令后，命令行提示：

命令：_circle

指定圆的圆心或[三点（3P）/两点（2P）/相切、相切、半径(T)]：T✓（指定半径并与两个已知对象相切方式绘制圆）

指定对象与圆的第一个切点：（选择第一个对象圆）

指定对象与圆的第二个切点：（选择第二个对象直线）

指定圆的半径〈当前默认值〉：（输入圆的半径值 30 回车）

执行结果如图2-9（a）所示。

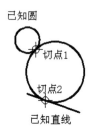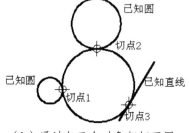

（a）通过与两个对象相切，指定半径画圆　　　　（b）通过与三个对象相切画圆

图 2-9　圆绘制实例

（6）相切、相切、相切(A)—绘制与三个图形对象相切的圆。

如图2-9（b）所示，执行该选项的绘图命令后，命令行提示：

命令：_circle

指定圆的圆心或[三点（3P）/两点（2P）/相切、相切、半径(T)]：3P

指定圆上的第一个点：_Tan 到：（选择第一个对象圆）

指定圆上的第二个点：_Tan 到：（选择第二个对象圆）

指定圆上的第三个点：_Tan 到：（选择第三个对象直线）

执行结果，如图2-9（b）所示。

2.3.2　圆弧

功能：根据已知条件绘制圆弧。

1. 激活"圆弧"命令的方式

● 命令：ARC 或 A。

● 下拉菜单："绘图" ⇨ "圆弧"。

● 功能区"默认"选项卡"绘图"面板："圆弧"按钮 。

单击功能区"默认"选项卡 ⇨ "绘图"面板 ⇨ "圆弧"命令，即可看到有 11 种绘制圆弧的方法，如图 2-10 所示，下面仅介绍

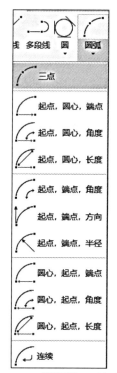

图 2-10　"圆弧"下拉列表

其中的几种方法。

（1）三点—通过指定圆弧的三点来绘制圆弧。

如图 2-11（a）所示，执行命令后，命令行提示如下：

命令：_arc

指定圆弧的起点或[圆心(C)]：（指定圆弧的起始点位置）

指定圆弧的第二个点或[圆心(C)/端点(E)]：（指定圆弧的第二个点位置）

指定圆弧的端点：（指定圆弧的终止点位置）

（2）起点、圆心、角度—通过指定圆弧的起点、圆心、圆心角来绘制圆弧。

如图 2-11（b）所示，执行命令后，命令行提示如下：

命令：_arc

指定圆弧的起点或[圆心(C)]：（指定圆弧的起始点位置）

指定圆弧的第二个点或[圆心(C)/端点(E)]：（选择"圆心"选项输入 C 回车）

指定圆弧的圆心：（指定圆弧的圆心）

指定圆弧的端点或[角度(A)/弦长(L)]：（选择"角度"选项输入 A 回车）

指定包含角：（输入圆心角并回车）

（3）起点、圆心、端点—通过指定圆弧的起点、圆心、端点来绘制圆弧。

如图 2-11（c）所示，执行命令后，命令行提示如下：

命令：_arc

指定圆弧的起点或[圆心(C)]：（指定圆弧的起始点位置）

指定圆弧的第二个点或[圆心(C)/端点(E)]：（选择"圆心"选项输入 C 回车）

指定圆弧的圆心：（指定圆弧的圆心）

指定圆弧的端点或[角度(A)/弦长(L)]：（指定圆弧的端点位置）

其他几种绘制圆弧的方法就不介绍了，用户可以根据图形中圆弧的已知条件和命令行中的提示进行圆弧的绘制。

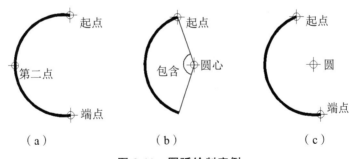

图 2-11　圆弧绘制实例

注意：在绘制圆弧时，除三点法外，其他方法都是起点到端点逆时针绘制圆弧。

2.3.3　圆环

功能：根据输入的内、外圆直径和中心点位置绘制圆环。

1. 激活"圆环"命令的方式

● 命令：DONUT 或 DO。
● 下拉菜单："绘图" ⇨ "圆环"。
● 功能区"默认"选项卡"绘图"面板："圆环"按钮 ◉。

2."圆环"命令执行过程

命令：_donut
指定圆环的内径<0.5000>：（输入圆环的内径值回车）
指定圆环的外径<1.0000>：（输入圆环的外径值回车）
指定圆环的中心点或〈退出〉：（指定圆环中心的位置）

使用"FILL"系统变量可以改变圆环的填充效果。在命令行输入"FILL"回车，选择"开(ON)"选项，可对圆环进行填充，"关(OFF)"选项对圆环不进行填充，只显示轮廓线。如图2-12 所示为绘制圆环的实例。

2.3.4 椭 圆

1. 激活"椭圆"命令的方式

● 命令：ELLIPSE 或 EL。
● 下拉菜单："绘图" ⇨ "椭圆"。
● 功能区"默认"选项卡"绘图"面板："椭圆"按钮 ◉ ▼。

（a）填充　　　　（b）不填充

图 2-12　圆环绘制实例

2."椭圆"命令执行过程

绘制椭圆的方法有两种：

（1）已知椭圆一轴的两个端点和另一半轴长，绘制椭圆，如图2-13（a）所示。

执行命令后，命令行提示如下：

命令：_ellipse
指定椭圆的轴端点或[圆弧(A)/中心点(C)]：（指定轴的一个端点）
指定轴的另一个端点：（指定轴的另一个端点）
指定另一条半轴长度或[旋转(R)]：（指定另一个轴的半轴长度）

注意：第一条轴既可以定义椭圆的长轴，也可以定义椭圆的短轴，其长度决定了椭圆的长、短轴。

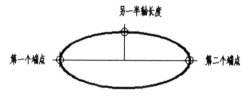

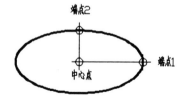

（a）已知一个轴和另一半轴长度画椭圆　　　（b）已知中心点、端点和另一半轴长画椭圆

图 2-13　椭圆绘制实例

（2）已知椭圆中心点、一条轴的端点和另一半轴长绘制椭圆，如图2-13（b）所示。

执行命令后，命令行提示如下：

命令：_ellipse

指定椭圆的轴端点或[圆弧(A)/中心点(C)]：C↙（已知中心点画椭圆）

指定椭圆的中心点：（指定中心点）

指定轴的端点：（指定一条轴的端点）

指定另一条半轴长度或[旋转(R)]：（指定另一个轴的半轴长度）

2.3.5 椭圆弧

功能：已知椭圆一条轴的两个端点和另一半轴长，绘制椭圆弧。

1.激活"椭圆弧"命令的方式

- 命令：ELLIPSE。
- 下拉菜单："绘图" ⇨ "椭圆" ⇨ "椭圆弧"。
- 功能区"默认"选项卡"绘图"面板："椭圆弧"按钮 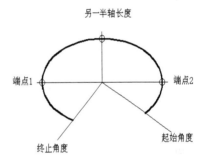 。

2."椭圆弧"命令执行过程

如图2-14所示椭圆弧的绘制操作过程如下：

命令：_ellipse

指定椭圆的轴端点或[圆弧(A)/中心点(C)]：A↙（绘制椭圆弧）

指定椭圆弧的轴端点或[中心点(C)]：（指定椭圆弧的端点1）

指定轴的另一个端点：（指定椭圆弧的另一端点2）

指点另一条半轴长度或[旋转(R)]：（指定椭圆弧的另一条半轴长度）

指定起始角度或[参数(P)]：（指定起始角度）

指定终止角度或[参数(P)/包含角度(I)]：（指定终止角度）

注意：从起始角度到终止角度按逆时针方向绘制椭圆弧。

图 2-14　椭圆弧的绘制实例

2.4　平面图形对象

2.4.1　矩形

功能：绘制各种矩形，包括带倒角、圆角、标高、厚度、线宽的矩形等，整个矩形是一个独立的对象。

1. 激活 "矩形" 命令的方式

● 命令：RECTANG 或 REC。
● 下拉菜单："绘图" ⇨ "矩形"。
● 功能区 "默认" 选项卡 "绘图" 面板："矩形" 按钮 。

2. "矩形" 命令执行过程

命令：_rectang
指定第一个角点或[倒角(C)/标高(E)/圆角(F)/厚度(T)/宽度(W)]：
其中各选项意义如下：

（1）指定第一个角点：此为默认项，即指定矩形的第一个顶点位置后，命令行提示：
指定另一个角点或[面积(A)/尺寸(D)/旋转(R)]：
此时，用户可采用三种方法来绘制矩形：指定另一个角点或指定矩形的面积或指定矩形的尺寸。若选择 "面积" 选项，则命令行提示：
输入以当前单位计算的矩形面积：（输入矩形的面积回车）
计算矩形标注时依据[长度(L)/宽度(W)]〈长度〉：（指定标注时依据长度或宽度，默认长度）
输入矩形长度〈0.0000〉：（指定两点或输入矩形的长度回车）
按提示输入指定面积和矩形长度后，即可绘制出指定矩形。
若选择 "尺寸" 选项，则命令行提示：
指定矩形的长度，〈0.0000〉：（指定两点或输入矩形的长度回车）
指定矩形的宽度，〈0.0000〉：（指定两点或输入矩形的宽度回车）
指定另一个角点或[面积(A)/尺寸(D)/旋转(R)]：（指定一点确定矩形绘制的位置）
按提示输入矩形的长度和宽度后，AutoCAD 将绘制出指定长、宽的矩形。

（2）倒角(C)：设定矩形的倒角尺寸，使所绘矩形按此尺寸设置倒角。选择该选项后，命令行提示：
指定矩形的第一个倒角距离〈0.0000〉：（输入矩形的第一个倒角距离）
指定矩形的第二个倒角距离〈0.0000〉：（输入矩形的第二个倒角距离）

（3）标高(E)：设定矩形的绘图高度，此选项一般用于三维图形。选择该选项后，命令行提示：
指定矩形的标高〈0.0000〉：（输入矩形的标高）

（4）圆角(F)：设定矩形的圆角尺寸，即所绘制矩形按此设置倒圆角。选择该选项后，命令行提示：
指定矩形的圆角半径〈0.0000〉：（输入矩形的圆角半径）

（5）厚度(T)：确定矩形的绘图厚度，此选项一般用于三维图形。选择该选项后，命令行提示：
指定矩形的厚度〈0.0000〉：（输入矩形的厚度）

（6）宽度(W)：设定矩形的线宽，选择该选项后，命令行提示：
指定矩形的线宽〈0.0000〉：（输入矩形的线宽）

以上（2）～（6）的某一选项设定后，AutoCAD 均返回到"指定第一个角点或[倒角(C)/标高(W)/圆角(F)/厚度(T)/宽度(W)]"提示。用户再指定角点绘制出相应的矩形。

各种矩形的绘制如图 2-15 所示。

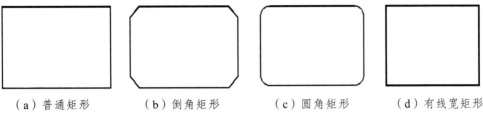

（a）普通矩形　　　（b）倒角矩形　　　（c）圆角矩形　　　（d）有线宽矩形

图 2-15　矩形绘制实例

2.4.2　正多边形

功能：根据输入正多边形的边数或边长绘制正多边形，正多边形是一个独立的对象。

1. 激活"正多边形"命令的方式

● 命令：POLYGON。

● 下拉菜单："绘图" ⇨ "正多边形"。

● 功能区"默认"选项卡"绘图"面板："正多边形"按钮 ⬡多边形。

2. "正多边形"命令执行过程

命令：_polygon

输入边的数目〈4〉:（输入正多边形的边数回车）

指定正多边形的中心点或[边(E)]:（指定正多边形中心点）

输入选项[内接于圆(I)/或外切于圆(C)〈I〉:（选择正多边形内接于圆还是外切于圆）

指定圆的半径:（输入圆的半径数值回车）

其中各选项的意义如下：

（1）指定正多边形的中心点：该选项通过中心点绘制多边形。

（2）边(E)：该选项用于通过边长绘制正多边形。

（3）内接于圆(I)：该选项为通过内接圆法绘制正多边形，如图 2-16 所示。

（4）外切于圆(C)：该选项为通过外切圆法绘制正多边形，如图 2-17 所示。

（a）直接输入圆的半径值　　（b）鼠标点取半径　　　（a）直接输入圆的半径值　　（b）鼠标点取半径

图 2-16　内接于圆的多边形　　　　　　图 2-17　外切于圆的多边形

一般情况下，如果需要绘制一个正多边形，使其一角通过某一点，并且正多边形的边长是已知的，则可采用正多边形的边长方式绘制正多边形，用这种方式非常方便。操作如下：

在命令行输入 POLYGON 命令并按回车键，命令行提示如下：

命令：_polygon

输入边的数目〈4〉:（输入正多边形的边数后回车）

指定正多边形的中心点或[边(E)]:（输入 E 后回车）

指定边的第一个端点:（输入第一个端点的坐标值后回车，或用鼠标在绘图区上指定一点作为第一个端点）

此时，一个多边形出现，移动光标将使多边形随之改变。

指定边的另一个端点:（输入第二个端点的坐标值后回车，或用鼠标在绘图区上指定一点作为第二个端点）

指定了第二个端点后，AutoCAD 将绘制一个正多边形并结束命令。

采用"边"选项绘制多边形时，AutoCAD 总是从第一个端点到第二个端点，沿逆时针方向，以这两端点连线为一条边，生成一个正多边形，如图 2-18 所示。

图 2-18　由边长画正多边形

2.5　多段线

功能：绘制由若干直线段和圆弧段首尾相连而成的、可具有不同线宽的一个独立的对象。

1. 激活"多段线"命令的方式

● 命令：PLINE 或 PL。

● 下拉菜单："绘图" ⇨ "多段线"。

● 功能区"默认"选项卡"绘图"面板："多段线"按钮。

2. "多段线"命令执行过程

命令：_pline

指定起点:（指定多段线的起始点）

当前线宽为 0.0000

指定下一点或[圆弧(A)/半宽(H)/长度(L)/放弃(U)/宽度(W)]:

如果在该提示下再指定一点，即选择"指定下一点"默认选项，AutoCAD 绘制连接两点的多段线，同时给出提示：

指定下一点或[圆弧(A)/闭合(C)/半宽(H)/长度(L)/放弃(U)/宽度(W)]:

该提示比上述提示多了"闭合"选项。其中各选项含义如下：

（1）圆弧(A)：选择该选项，则由绘制直线方式改为绘制圆弧的方式。此时命令行提示如下：

指定圆弧的端点或[角度(A)/圆心(CE)/方向(D)/半宽(H)/直线(L)/半径(R)/第二个点(S)/放

弃(U)/宽度(W)]:

用户可选择该提示中的相应选项绘制圆弧，具体方法与前面所介绍的绘制圆弧的方法基本相同。

（2）闭合(C)：选择该选项，AutoCAD 从当前点向多段线起始点以当前线宽绘制多线段，即封闭所绘制的多线段，并结束命令的执行。

（3）半宽(H)：确定所绘制图线半线宽，即所设值是多段线线宽的一半。选择该选项，命令行依次提示：

指定起点半宽〈0.0000〉:（输入起点的半宽回车）

指定端点半宽〈0.0000〉:（输入端点的半宽回车）

（4）长度(L)：从当前点绘制指定长度的多线段。选择该选项后，命令行提示如下：

指定直线的长度:（输入直线的长度回车）

在该提示下输入长度值，AutoCAD 将以该长度沿着上一次所绘直线的方向绘制直线。如果前一段对象是圆弧，所绘制直线的方向为该圆弧终点的切线方向。

（5）放弃(U)：删除最后绘制的直线或圆弧段。利用该选项可以及时修改在绘制多段线过程中出现的错误。

（6）宽度(W)：确定多线段的线宽。选择该选项后，命令行提示如下：

指定起点宽度〈0.0000〉:（输入多线段的起点线宽回车）

指定端点宽度〈0.0000〉:（输入多线段的端点线宽回车）

例 2-2 绘制如图 2-19 所示图形。

输入多段线命令后，命令行提示如下：

命令：_pline

指定起点:（指定 A 点为起始点）

指定下一点或[圆弧(A)/半宽(H)/长度(L)/放弃(U)/宽度(W)]: W↙（设定线宽）

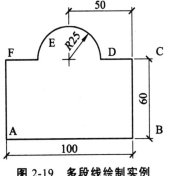

图 2-19 多段线绘制实例

指定起点宽度（0.000）: 1↙（输入起点宽度回车）

指定端点宽度（0.000）: 1↙（输入端点宽度回车）

指定下一点或[圆弧(A)/半宽(H)/长度(L)/放弃(U)/宽度(W)]: @100，0↙（输入 B 点的相对坐标）

指定下一点或[圆弧(A)/半宽(H)/长度(L)/放弃(U)/宽度(W)]: @0，60↙（输入 C 点的相对坐标）

指定下一点或[圆弧(A)/半宽(H)/长度(L)/放弃(U)/宽度(W)]: @-25，0↙（输入 D 点的相对坐标）

指定下一点或[圆弧(A)/半宽(H)/长度(L)/放弃(U)/宽度(W)]: A↙（选择画圆弧）

指定圆弧的端点或[角度(A)/圆心(CE)/闭合(CL)/方向(D)/半宽(H)/直线(L)/半径(R)/第二个点(S)/放弃(U)/宽度(W)]: R↙（选择输入圆弧半径）

指定圆弧的半径: 25↙（输入圆弧半径）

指定圆弧的端点或[角度(A)]: A↙（选择输入圆弧角度）

指定包含角: 180↙（输入圆弧圆心角）

指定圆弧的弦方向[180]：↙（取默认值，得 E 点，画出圆弧 DE）

指定圆弧的端点或[角度(A)/圆心(CE)/闭合(CL)/方向(D)/半宽(H)/直线(L)/半径(R)/第二个点(S)/放弃(U)/宽度(W)]：L↙（选择画直线）

指定下一点或[圆弧(A)/闭合(C)/半宽(H)/长度(L)/放弃(U)/宽度(W)]：
@-25，0↙（输入 F 点相对坐标）

指定下一点或[圆弧(A)/闭合(C)/半宽(H)/长度(L)/放弃(U)/宽度(W)]：C↙（闭合图形，画出线段 FA）

2.6　样条曲线

功能：创建经过或靠近一组拟合点或由控制框的顶点定义的平滑曲线。AutoCAD 2020 绘制样条曲线可以使用拟合点和控制点两个方法。默认情况下，拟合点与样条曲线重合，而控制点定义控制框，用来设置样条曲线的形状。这里仅介绍使用拟合点绘制样条曲线。

1. 激活"样条曲线"命令的方式

● 命令：SPLINE 或 SPL。

● 下拉菜单："绘图" ⇨ "样条曲线"。

● 功能区："默认"选项卡"绘图"面板："样条曲线"按钮 。

2. "样条曲线"命令执行过程

命令：_spline

指定第一个点或[方式(M)/节点(K)/对象(O)]：（指定起点）

输入下一点或[起点切向(T)/公差(L)]：（指定第二点）

输入下一点或[端点相切(T)/公差(L)/放弃(U)]：（指定第三点）

输入下一点或[端点相切(T)/公差(L)/放弃(U)/闭合(C)]：（指定第四点）

输入下一点或[端点相切(T)/公差(L)/放弃(U)/闭合(C)]：（指定第五点）

输入下一点或[端点相切(T)/公差(L)/放弃(U)/闭合(C)]：（指定第六点）

输入下一点或[端点相切(T)/公差(L)/放弃(U)/闭合(C)]：（指定第七点）

输入下一点或[端点相切(T)/公差(L)/放弃(U)/闭合(C)]：↙（回车结束定点）

如图 2-20 所示为样条曲线绘制实例。

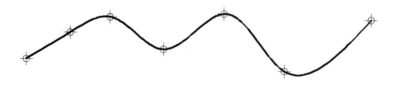

图 2-20　样条曲线绘制实例

在绘制样条曲线过程中，其选项的含义如下：

- 方式(M)：控制是使用拟合点还是使用控制点来创建样条曲线。
- 节点(K)：指定节点参数化，它是一种计算方法，用来确定样条曲线中连续拟合点之间的曲线如何过渡。
- 对象(O)：将二维或三维的二次或三次样条曲线拟合多段线转换成等效的样条曲线。根据系统变量的设置，保留或放弃原多段线。
- 起点切向(T)：指定在样条曲线起点的相切条件，可通过拖动鼠标确定起点的切向。
- 端点相切(T)：指定在样条曲线终点的相切条件，可通过拖动鼠标确定端点的切向。
- 公差(L)：样条曲线可以偏离指定拟合点的距离。公差值 0（零）要求生成的样条曲线直接通过拟合点。公差值适用于所有拟合点（拟合点的起点和终点除外），始终具有为 0（零）的公差。利用公差，用户在通过指定点绘制样条线时，可以获得更加平滑的效果。
- 闭合：通过定义与第一个点重合的最后一个点，闭合样条曲线。默认情况下，闭合的样条曲线为周期性的，沿整个环保持曲率连续性。具体在绘制样条曲线时，如果已经指定了三个点，那么在指定第四个点的时候，就可以在命令行输入"C"回车，以闭合曲线。

2.7　多　线

用户可以用多线命令绘制多条平行的直线，绘制前需先定义多线的样式。

2.7.1　定义多线样式

功能：定义绘制多条互相平行的直线的样式。

1. 激活"多线样式"命令的方式

- 命令：MLSTYLE。
- 下拉菜单："格式" ⇨ "多线样式"。

2. 定义多线样式

激活"多线样式"命令后，弹出"多线样式"对话框，如图 2-21 所示。在此单击"新建"按钮，弹出"创建新的多线样式"对话框，如图 2-22 所示。在此对话框中输入"新样式名"后，单击"继续"按钮，弹出"创建多线样式"对话框，如图 2-23 所示。在此对话框中，可以设置多线样式的封口、填充、元素特性等内容。

（1）添加说明。

"说明"文本框用于输入多线样式的说明信息。当在"多线样式"列表中选中多线时，说明信息将显示在"说明"区域中。

（2）设置封口模式。

"封口"选项组用于控制多线起点和端点处的样式。可以为多线的每个端点设置封口形式。其中，"直线"穿过整个多线的端点，"外弧"连接最外层元素的端点，"内弧"连接内层成对元素，如果有奇数个元素，则中心线不连接，如图 2-24 所示。

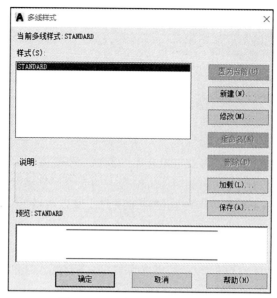

图 2-21 "多线样式"对话框

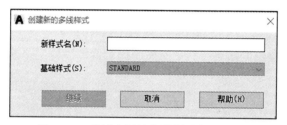

图 2-22 "创建新的多线样式"对话框

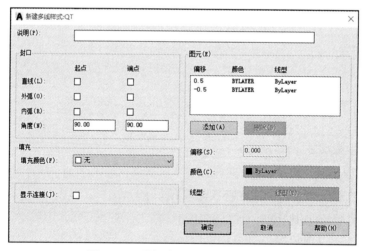

图 2-23 "新建多线样式"对话框

直线封口　　　　　　　外弧封口　　　　　　　内弧封口

图 2-24 多线的封口样式

如果选中"新建多线样式"对话框中的"显示连接"复选框，可以在多线的拐角处显示连接线，否则不显示，如图 2-25 所示。

图 2-25 不显示连接与显示连接对比

（3）设置填充颜色。

"填充"选项组用于设置是否填充多线的背景。可以从"填充颜色"下拉列表框中选择所需的填充颜色作为多线的背景。如果不使用填充色，则在"填充颜色"下拉列表框中选择"无"即可。

（4）设置组成元素的特性。

"图元"选项组中，可以设置多线样式的元素特性，包括多线的线条数目、每条线的颜色和线型等特性。其中，"图元"列表框中列举了当前多线样式中各线条元素及特性，包括线条元素相对于多线中心线的偏移量、线条的颜色和线型。如果要增加多线中线条的数目，可单击"添加"按钮，在"图元"列表中将加入一个偏移量为 0 的新线条元素；通过"偏移"文本框设置线条元素的偏移量；在"颜色"下拉列表框设置当前线条的颜色；单击"线型"按钮，使用弹出的"线型"对话框设置线元素的线型。

此外，如果要删除某一线条，可在"图元" 列表框中选中该条元素，然后单击"删除"按钮。

2.7.2 绘 制 多 线

功能：绘制多条相互平行的直线。

1. 激活"多线"命令的方式

● 命令：MLINE 或 ML。
● 下拉菜单："绘图" ⇨ "多线"。

2. "多线"命令执行过程

命令：MLINE
当前位置：对正=上，比例=20.00，样式=STANDARD
指定起点或[对正(J)/比例(S)/样式(ST)]：

在命令行中，"当前位置：对正=上，比例=20.00，样式=STANDARD"提示信息显示了当前多线格式的对正方式、比例及多线样式名。默认情况下，需要指定多线的起始点，以当前的格式绘制多线，其绘制方法与绘制直线相似。此外，该命令提示中其他选项的功能如下：

● 对正(J)：指定多线的对正方式。此时命令行显示"输入对正类型[上(T)/无(Z)/下(B)]〈上〉："各选项表示见图 2-26（a）所示。
● 比例(S)：指定所绘制的多线的间隔相对于多线定义的间隔的比例因子，见图 2-26（b）

所示。该比例不影响多线的线型比例。

● 样式(ST)：指定绘制多线的样式，默认为当前样式。当命令行显示"输入多线样式或[？]："
提示信息时，可以直接输入已有的多线样式名，也可输入"？"显示已定义的多线样式名。

对正方式：上　　对正方式：无　　对正方式：下　　　　比例 因子=20　　比例 因子=60

（a）对正方式　　　　　　　　　　　　　（b）比例

图 2-26　多线绘制实例

2.8　点

2.8.1　绘 制 点

功能：在指定位置绘制单点或多点。

1. 激活"点"命令的方式

● 命令：POINT（单点）或 MULTIPLE（多点）。
● 下拉菜单："绘图"➪"点"。
● 功能区"默认"选项卡"绘图"面板："多点"按钮⬛。

2. "点"命令执行过程

命令：POINT
当前点模式：PDMODE=0　PDSIZE=0.0000（说明当前所绘制点的模式与大小）
指定点：（指定点的位置）

在此提示下，用户可以在绘图区用鼠标拾取各点或输入各点的坐标值，此时在绘图区相
应的位置将绘制相应的点。按 Esc 键可结束"点"命令。

2.8.2　设 置 点 样 式

功能：设置点的大小和样式。

1. 激活"点样式"命令的方式

● 命令：DDPTYPE。
● 下拉菜单："格式"➪"点样式"。

2. 设置点样式

激活"点样式"命令后弹出"点样式"对话框，如图 2-27 所示，其各部分的含义如下：

（1）图形选择框：在图 2-27 中列出了 20 种点样式供用户选择，其中点的默认样式为一个小点。

（2）"点大小"文本框：设置点的大小。

（3）"相对于屏幕设置大小"单选按钮：表示该点的大小与屏幕的尺寸的百分比，此时点的大小不随图形的缩放而改变。

（4）"按绝对单位设置大小"单选按钮：设置点的绝对尺寸，当显示控制缩放时，该点大小也随之改变。

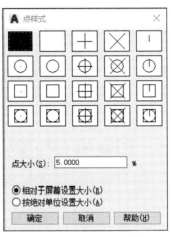

图 2-27 "点样式"对话框

2.8.3 定数等分线段

功能：在对象上按指定的数量绘制多个点，这些点之间的距离是相等的。

1. 激活"定数等分"命令的方式

● 命令：DIVIDE。

● 下拉菜单："绘图" ⇨ "点" ⇨ "定数等分"。

● 功能区"默认"选项卡"绘图"面板："定数等分"按钮 ▨ 。

2. "定数等分"命令执行过程

命令：DIVIDE↙

选择要定数等分的对象：（选择要等分的直线或圆等）

输入线条数目或[块(B)]：（输入要等分的数目 6 回车）

结果如图 2-28 所示。

如果要消除定数等分点的标记，选中这些点删除即可。

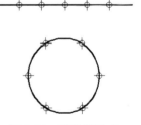

图 2-28 定数等分点

2.8.4 定距等分线段

功能：从指定对象上的一端按指定的距离绘制多个点，最后一段通常不为指定的距离。

1. 激活"定距等分"命令的方式

- 命令：MEASURE。
- 下拉菜单："绘图" ⇨ "点" ⇨ "定距等分"。
- 功能区"默认"选项卡"绘图"面板："定距等分"按钮。

2. "定距等分"命令执行过程

命令：MEASURE

选择要定距等分的对象：（选择要等分的直线或圆等）

输入线段长度或[块(B)]：100↙（输入等距值）

结果如图 2-29 所示。

图 2-29　定距等分点

说明：（1）进行定数等分或定距等分线段时，要提前设置好点的样式。（2）进行定距等分线段，鼠标点取对象时靠近线段哪一端，就从哪一端开始计量。

2.9　图案填充与编辑

2.9.1　图案填充的创建

功能：在需要填充的图形中，为指定的区域填充特定的剖面线或图案，用以表示物体的质地或被剖切物体所使用的材料。

1. 激活"图案填充"命令的方式

- 命令：BHATCH 或 BH 或 H。
- 下拉菜单："绘图" ⇨ "图案填充"。
- 功能区"默认"选项卡"绘图"面板："图案填充"按钮█。

2. 使用"图案填充"上下文选项卡

激活"图案填充"命令后，功能区变换为如图 2-30 所示。该选项卡包括"边界""图案""特性""原点""选项"和"关闭"6 个面板，用户可以通过该面板设置图案填充时的图案填充特性、填充边界及填充方式等参数。

图 2-30　"图案填充"上下文选项卡

（1）"边界"面板。

在"边界"面板区，包括"拾取点""选择""删除"和"重新创建"等按钮，各按钮的功能介绍如下。

①"拾取点"按钮：以拾取点的形式来指定填充区域的边界。单击该按钮，可在需要填充的区域内任意拾取一点，系统会自动计算出包围该点的封闭填充边界，同时亮显该边界。如果在拾取点后系统不能形成封闭的填充边界，则会显示错误提示信息。

②"选择"按钮：可以通过选择对象的方式来定义填充区域的边界。使用该选项时，不会自动检测内部对象。必须选择选定边界内的对象，才能按照当前孤岛检测样式填充这些对象。

③"删除"按钮：单击该按钮可以从边界定义中删除之前添加的任何对象。

④"重新创建"按钮：围绕选定的图案填充或填充对象创建多段线或面域，并使其与图案填充对象相关联。

（2）"图案"面板。

显示所有预定义和自定义图案的预览图像。其中，自定义图案可以在"图案"选项卡上图案库的底部查找。

（2）"特性"面板。

在"特性"面板区，包括"图案填充类型""图案填充透明度""图案填充角度"和"填充图案比例"等按钮，各按钮的功能如下。

①"图案填充类型"按钮：用来指定填充类型，包括使用实体、渐变色、图案和用户定义四种类型。

②"图案填充透明度"按钮：设定新图案填充或填充的透明度，替代当前对象的透明度。选择"使用当前值"可使用当前对象的透明度设置。

③"图案填充角度"按钮：指定填充图案的旋转角度。

④"填充图案比例"按钮：仅当"类型"设定为"图案"时可以使用，用于放大或缩小预定义或自定义填充图案。

（4）"原点"面板。

控制填充图案生成的起始位置。某些图案填充（例如砖块图案）需要与图案填充边界上的一点对齐。默认情况下，所有图案填充原点都对应于当前的 UCS 原点。

（5）"选项"面板。

用于控制图案填充的常用选项，包括"关联""注释性""特性匹配"三个按钮及"允许的间隙""创建独立的图案填充""孤岛检测""绘图次序"等选项区。

①"关联"按钮：指定图案填充或填充为关联图案填充。关联的图案填充或填充在用户修改其边界对象时将会更新。

②"注释性"按钮：指定图案填充为注释性。此特性会自动完成缩放注释过程，从而使注释能够以正确的大小在图纸上打印或显示。

③"特性匹配"按钮：包括"使用当前原点"和"用源图案填充原点"两个选项，默认为"使用当前原点"，指使用选定图案填充对象（除图案填充原点外）设定图案填充的特性。"用源图案填充原点"是指使用选定图案填充对象（包括图案填充原点）设定图案填充的特性。

④"允许的间隙"选项：用来设定将对象用作图案填充边界时可以忽略的最大间隙。默认值为 0，此值指定对象必须封闭区域而没有间隙。用户可移动滑块或按图形单位输入一个

值（0 到 5000），以设定将对象用作图案填充边界时可以忽略的最大间隙。任何小于等于指定值的间隙都将被忽略，并将边界视为封闭。

⑤ "创建独立的图案填充"选项：用于控制当指定了几个单独的闭合边界时，是创建单个图案填充对象，还是创建多个图案填充对象。

⑥ "孤岛"选项：在"孤岛"选项组中，选中"孤岛检测"复选框可以设置孤岛的填充方式，其中包括"普通""外部"和"忽略"3 种方式，显示样式如图 2-31 所示。

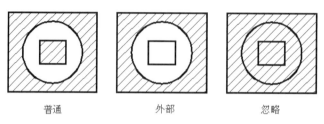

图 2-31　孤岛的 3 种填充方式

⑦ "绘图次序"选项：用以指定图案填充的绘图顺序，图案可以放在图案填充边界及其他对象之后或之前。

（6）"关闭"面板。

用来关闭"图案填充创建"，退出图案填充，并关闭上下文选项卡。也可以按 Enter 键或 Esc 键退出图案填充。

2.9.2　图案填充编辑

当填充的图案需要更改时，可以通过图案填充编辑命令进行编辑修改。

激活"图案填充编辑"命令的方式：

● 命令：HATCHEDIT。

● 下拉菜单："修改" ⇨ "对象" ⇨ "图案填充编辑"。

● 双击要编辑的图案对象。

用户可以用上述三种方式，执行"图案填充编辑"命令。使用"HATCHEDIT"命令和下拉菜单启动"图案填充编辑"时，可弹出"图案填充编辑"对话框，如图 2-32 所示，通过修改对话框中相关参数即可实现图案填充的编辑；双击要编辑的图案对象，可弹出"图案填充"选项卡，该选项卡显示了选定图案对象的当前特性及相关参数，用户可以对其进行修改，从而实现图案填充编辑。该选项卡前面已经介绍，在此不再赘述。

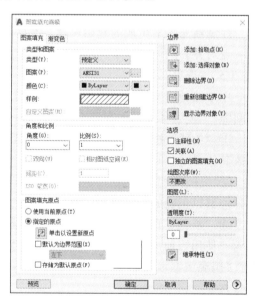

图 2-32　"图案填充编辑"对话框

2.10　上机实验

实验1　绘制图2-33所示平面图形（不标注尺寸）

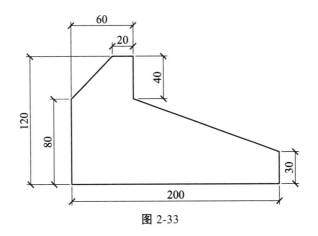

图 2-33

1. 目的要求

本实验设计的图形主要用到"直线"命令，通过本实验，要求熟练掌握"直线"命令，灵活掌握在正交状态和非正交状态下用点的相对坐标和直接输入直线的长度等方法绘制平面图形。

2. 操作提示

（1）新建图形文件。

（2）新建"粗实线"图层。

（3）依次绘制各段直线、水平和垂直线段。打开"正交"模式直接输入线段的长度，斜线输入点的相对坐标绘制。

（4）绘制最后一段直线时，可输入"c"闭合平面图形。

注意：操作提示第（2）步，新建"粗实线"图层详见本书3.1节"图层"相关内容。本节练习时先用默认图层"0"层绘图即可，待下次课讲完"图层"知识点再进行完善。

实验2　绘制图2-34所示平面图形（不标注尺寸）

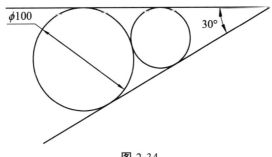

图 2-34

1. 目的要求

本实验设计的图形主要用到"直线"和"圆"命令，通过本实验，要求熟练掌握"直线"和"圆"命令，灵活使用"圆"命令的各种方法绘制平面图形。

2. 操作提示

（1）新建图形文件。

（2）新建"粗实线"图层。

（3）绘制适当长度的水平线段。

（4）运用极坐标绘制与水平线段倾斜30°的直线段。

（5）用"相切、相切、半径(T)"方式绘制ϕ100的圆。

（6）用"相切、相切、相切(A)"方式绘制小圆。

注意：操作提示第（2）步，新建"粗实线"图层详见本书3.1节"图层"相关内容。本节练习时先用默认图层"0"层绘图即可，待下次课讲完"图层"知识点再进行完善。

实验3 绘制图2-35所示平面图形（不标注尺寸）

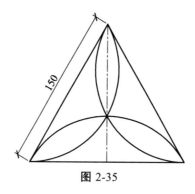

图 2-35

1. 目的要求

本实验设计的图形主要用到"正多边形""直线""定数等分"和"圆弧"命令。通过本实验，要求灵活使用"圆弧"和"正多边形"命令的各种方法绘制平面图形。

2. 操作提示

（1）新建图形文件。

（2）新建"粗实线"图层和"细实线"图层。

（3）用"正多边形"命令绘制三角形。

（4）过三角形顶点画竖直辅助线。

（5）设置图题效果的点样式，用"定数等分"命令将辅助直线三等分。

（6）用"圆弧"命令中的"三点(P)"方式画三个圆弧。

注意：

1. 操作提示第（2）步，新建图层详见本书3.1节"图层"相关内容。本节练习时先用默认图层"0"层绘图即可，待下次课讲完"图层"知识点再进行完善。

2. 操作提示的第（6）步，用"圆弧"命令中的"三点(P)"方式画圆弧时，需把鼠标移到状态栏中的"对象捕捉"按钮处，击右键，选"设置"，出现"草图设置"对话框，在对象捕捉模式中选中端点和节点，确定，并按下"对象捕捉"按钮，此时画圆弧时鼠标即可精确选取端点和定数等分点。该功能详见本书 3.2 节精确绘图辅助工具，此题也可以在学完该内容后再练习。

实验 4 绘制图 2-36 所示平面图形并对其进行图案填充（不标注尺寸）

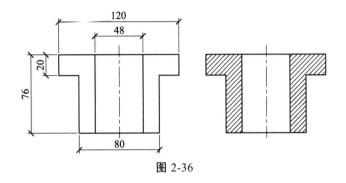

图 2-36

1. 目的要求

本实验设计的图形主要用到"直线"和"图案填充"命令。通过本实验，要求熟练掌握"图案填充"命令的使用。

2. 操作提示

（1）新建图形文件。
（2）新建图层："粗实线"层、"细实线"层和"点画线"层。
（3）用"直线"命令绘制平面图形。
（4）用"图案填充"命令填充平面图形。

注意：操作提示第（2）步，新建图层详见本书 3.1 节"图层"相关内容。本节练习可先用默认图层"0"层绘图即可，待下次课讲完"图层"知识点再进行完善。

实验 5 利用多段线命令绘制图 2-37 所示平面图形（不标注尺寸）

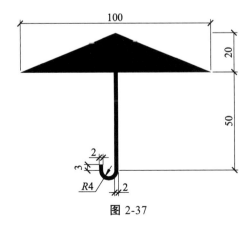

图 2-37

1. 目的要求

本实验设计的图形主要考查"多段线"命令。通过本实验，要求熟练掌握"多段线"命令的使用方法。

2. 操作提示

（1）执行多段线命令。

（2）选定起点后，输入"W"选项，指定起点宽度 0，端点宽度 100，绘制长度为 20 竖直线。

（3）输入"W"选项，指定起点、端点宽度均为 2，绘制长度为 50 竖直线。

（4）输入"A"选项，绘制半径为 4 的图示半圆弧。

（5）输入"L"选项，向上绘制长度为 3 的竖直线。

第3章 图层及绘图辅助功能

熟练使用 AutoCAD 中的绘图设置及辅助功能，能够提高绘图的速度和精度，本章重点介绍绘图中常用的图层、辅助绘图命令和视图显示控制等功能。

3.1 图 层

在绘图时，使用图形中的不同特性对图形进行管理，可以有效提高绘图速度。AutoCAD 中提出了图层的概念，将具有相同的线型、线宽的图形对象绘制在同一图层中，当需要对这类对象进行某些操作时，可以通过图层管理实现，从而提高绘图的效率。

图层可以看作一张没有厚度且透明的纸，每张纸上绘制特定类别的对象，当把所有的透明纸叠加在一起的时候，就得到了完整的工程图，其中位于最上面的一张"纸"，称为"当前图层"，如图 3-1 中"家具"图层为当前图层。

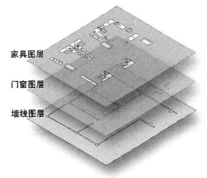

图 3-1　图层概念

绘制简单的工程图时，图层可以根据线型和线宽分类，如粗实线、中实线、细实线、虚线、点画线、文字标注等，如图 3-2（a）所示；对于复杂的工程图，图层可以根据图形类别进行分类，如家具、门、窗、墙线等，如图 3-2（b）所示，如果一种类别需要多种线型，可以采用图名中加说明的方法，如墙线-轴线。

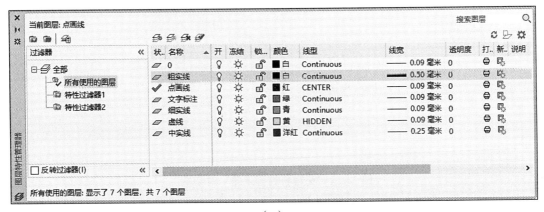

（a）

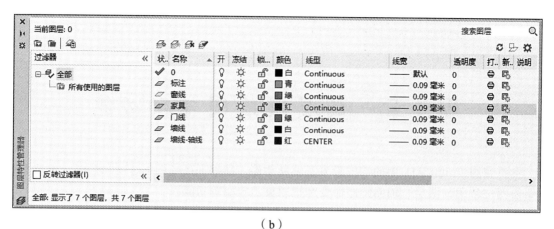

（b）

图 3-2　图层设置

3.1.1　"图层"控制面板

"默认"功能区中有"图层"控制面板，如图 3-3 所示，面板中包含图层列表、图层特性
按钮和图层控制命令按钮。图层列表中列出所有图层及图
层管理状态；图层特性中可设置图层的属性，图层的属性
包含图层的名称、颜色、线型、线宽、透明度、是否打印
等；图层的控制按钮可以控制图层开/关、锁定/解锁、冻
结/解冻、隔离等。

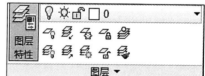

图 3-3　"图层"控制面板

通过"图层"面板中的"图层特性"，可以打开图层特性管理器，如图 3-4 所示。在图层
特性管理器中，可以实现图层创建、属性设置和图层管理。

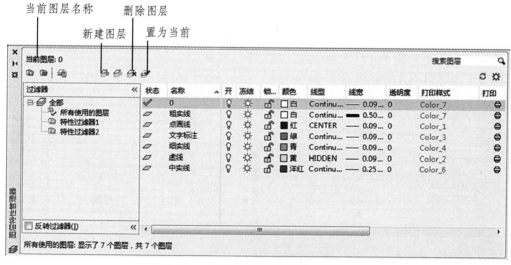

图 3-4　"图层特性管理器"对话框

"图层特性管理器"还可以在"格式"下拉菜单中点击"图层"启动，或者在命令行输入
"Layer"启动。

使用 acadiso.dwt 样板创建新文件时，文件中包含名称为"0"的图层。默认情况下，"0"图层颜色为白色或黑色（由背景颜色决定）、线型为"Continuous"、线宽为"默认"等。

绘图时，使用"新建"命令 创建新图层，在列表中对图层的属性进行设置。

当图层无用时，可使用"删除"命令 将图层删除，但是下面的几种图层是不可删除的：当前图层、0 图层、Defpoints 图层以及包含图形对象的图层（"状态"列表中深色显示的图层）。

若要将图形对象直接绘制在某图层上，需要将该图层设置为"当前图层"，"当前图层"图层名称会显示在图层管理器的顶部，"状态"列表中该图层显示为 ，并且当前图层名称、颜色及控制状态会显示在"图层"面板列表中。设置方法为在图层列表中选中图层，点击"置为当前"按钮 ，或双击该图层名称。在"图层"面板的下拉列表中点击图层，也可将被点击的图层更改为当前图层。

3.1.2 图层属性

在新建图层或绘图过程中，可以随时更改图层的属性。图层属性包括的名称、线型、颜色、线宽、透明度、打印样式和打印等。

1. 名称

图层名称是在使用时显示的名字，新建图层名称按图层 1、图层 2、图层 3……显示，两次单击图层名称或者在图层名称处点击鼠标右键中的"重命名"，可以更改图层名称。图层名称应尽量表达该图层中绘制对象的特性，如图 3-4 中的粗实线、虚线等，不要使用无意义的名称。

2. 颜色和打印样式

图层的颜色就是图层中对象的颜色，为了提高绘图时图形的辨识度，不同的图层应设置不同的颜色。图层的颜色确定后，打印时将使用打印样式表中该颜色对应的打印设置进行打印。

使用鼠标左键点击图层对应的颜色选项，在弹出的"选择颜色"对话框中，选择合适的颜色，单击"确定"完成设置。"选择颜色"时提供了三种颜色——"索引颜色""真彩色""配色系统"，设置时建议使用"索引颜色"，如图 3-5 所示。

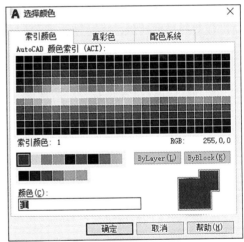

图 3-5 "选择颜色"对话框

3. 线型

根据制图相关规范，不同的线型表示不同的含义，因此需要结合图层使用情况，为图层设置所需的线型。

（1）设置图层线型。

使用鼠标左键点击图层对应的线型选项，弹出"选择线型"对话框，如图 3-6 所示。对话框中显示已经加载的线型，选择需要的线型，点击"确定"完成设置。

（2）加载线型。

若"选择线型"对话框的"已加载的线型"列表中没有需要的线型，可点击"加载"按钮，打开"加载或重载线型"对话框，如图 3-7 所示，从中选择需要的线型，单击"确定"按钮，选中的线型将被加载到"已加载的线型"中；再选择需要的线型，点击"确定"完成设置。

常用线型建议：虚线用 Hidden，单点长画线用 Center，双点长画线用 Phantom。

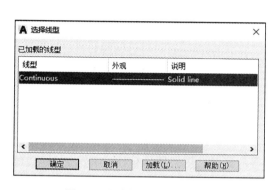

图 3-6 "选择线型"对话框

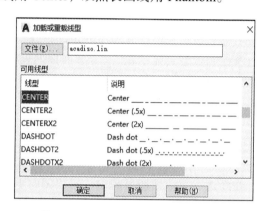

图 3-7 "加载或重载线型"对话框

（3）设置线型比例。

绘图使用的线型除连续线型外，还有不连续线型，如虚线、单点长画线、双点长画线等。这些不连续线型由重复出现的图线元素（如线段、间隔或点等）组成，绘图时线段的长短将影响图线的显示效果，如图 3-8 所示，因此绘图时需设置合适的线型比例，通过调整线段的长度，使图线在图纸中达到理想的效果。

调整线型比例可使用以下方法：

① 通过"线型管理器"对话框调整线型比例。

下拉菜单"格式"⇨"线型"，打开"线型管理器"对话框，如图 3-9 所示。

线型比例为10 ⎯⎯⎯⎯⎯

线型比例为1 ⎯ ⎯ ⎯

线型比例为0.1 ⎯⎯⎯⎯⎯⎯

线型比例为0.01 ⎯⎯⎯⎯⎯

图 3-8 不同线型比例的虚线

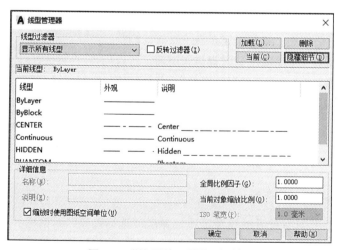

图 3-9 "线型管理器"对话框

首次打开"线型管理器"对话框时，下方的"详细信息"处于关闭状态，需要点击"显示细节"按钮才能显示。"详细信息"选项中的 "全局比例因子"和"当前对象缩放比例"可以调整绘图时不连续线型的显示比例。其中，"全局比例因子"用于文件中所有图线的显示比例，包含以前绘制的图线和以后绘制的图线；"当前对象缩放比例"用于以后绘制的图线的显示比例。

图元的最终线型比例为图元"当前对象缩放比例"× "全局比例因子"，线型比例越小，构成线型的图线元素（线段或间隔）就越小，单位距离的重复数量越多。

② 通过 ltscale 和 celtscale 命令调整线型比例。

ltscale 命令对应"线型管理器"对话框中的"全局比例因子"；celtscale 命令对应"线型管理器"对话框中的"当前对象缩放比例"。

若要将全局比例因子设置为 10，可在命令行进行如下操作：

命令：LTSCALE

输入新线型比例因子 <1.0000>：10

若要将当前对象缩放比例设置为 10，可在命令行进行如下操作：

命令：CELTSCALE

输入 CELTSCALE 的新值 <1.0000>：10

③ 通过"特性"对话框调整线型比例。

图 3-10　"特性"面板

点击如图 3-10 所示"特性"面板右下角的箭头，打开如图 3-11 所示的"特性"对话框。"特性对话"框中包含的信息非常多，设置线型比例时，使用"常规"中的"线型比例"。

当未选中图元的时，"线型比例"显示的数值与"当前对象缩放比例"的数值相同，即改变此值，修改的是以后绘制的图线的线型比例；当选中图元的时，修改"线型比例"仅改变被选中的图线的线型比例。图 3-11 为不同情况下的特性对话框。

绘图时线型比例的大小，需根据图面的显示效果确定。

（a）未选中对象　　　　　（b）选中单一对象　　　　　（c）选中多个对象

图 3-11　"特性"对话框中的"常规"

4. 线宽

图线线宽可以提高绘图过程中的辨识度，同时也是打印时图线宽度的控制因素。

使用鼠标左键点击图层对应的线宽选项，在弹出的"线宽"对话框中选择合适的线宽，点击"确定"完成设置，如图 3-12 所示。

设置图层线宽时需注意：图线的线宽≥0.30 mm，并且将状态栏中的"线宽"显示打开，才可以在绘图区域显示粗线。若线宽 < 0.30 mm，即使打开状态栏中的"线宽"也不会显示粗线，但是打印时会按照设置的线宽进行打印。

"格式"下拉菜单中的"线宽"可打开"线宽设置"对话框，如图 3-13 所示。从中可知，默认线宽为 0.25 mm，因此图层线宽应设置具体的宽度值。

图 3-12   "线宽"对话框

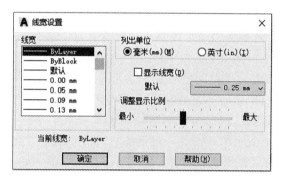

图 3-13   "线宽设置"对话框

5. 打印

"打印"列中的图标有两种显示："打印"（🖶）和"不打印"（🖶）。打印图纸时，若发现缺少某个图层中的图元，可以检查图层是否显示为"不打印"（🖶）；如果图层为"不打印"，点击图层的"打印"按钮，即可将图层改为可打印状态。

注意：Defpoints 图层为 AutoCAD 2020 自动生成的不打印图层，该层打印机图标为灰色。

6. 说明

为图层添加必要的说明信息。

3.1.3   图层的管理

使用图层特性管理器，可以实现图层的关/开、冻结/解冻、锁定/解锁等图层管理，下面以图 3-14 所示图形为例，介绍各功能的效果。这些功能也可以通过点击"图层"面板→图层列表中的相应按钮实现，如图 3-15 所示。

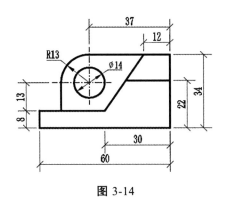

图 3-14

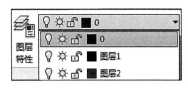

图 3-15　图层列表

1. 开/关图层

在列表中，单击"开"对应的小灯泡图标🔆，可以打开或关闭图层。关闭状态下，灯泡的颜色为灰色，图层上的对象不显示，也不能在输出设备上打印，如图 3-16 所示；在打开状态下，灯泡的颜色为黄色，图层上的对象可以显示，可以在输出设备上打印，也可以编辑该图层上的图元。

当前图层可以关闭，也可以将关闭的图层设置为当前图层，因此可以在被关闭的图层中直接绘制图元。

绘制复杂图形时，关闭当前不需要显示的图层，可以使绘图或看图更清楚。当图形重生成时，关闭的图层将一起被重生成，只是不能被显示出来。

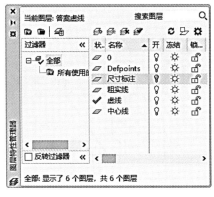

（a）"关闭"尺寸标注图层

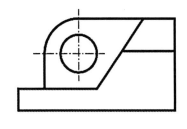

（b）"关闭"效果

图 3-16　"关闭"图层

2. 冻结/解冻图层

在列表中，单击"冻结"对应的图标🔆，可以冻结或解冻图层。太阳🔆表示解冻，雪花❄表示冻结。

冻结状态下，该图层上的图元不能显示，不能被打印输出，如图 3-17 所示。在解冻状态下，图层上的图元可以显示，可以打印输出，也可以编辑该图层上对象。

51

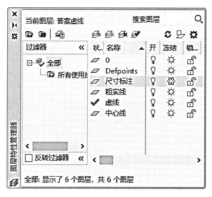 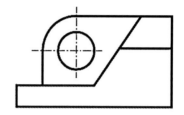

（a）"冻结"尺寸标注图层　　　　　　　（b）"冻结"效果

图 3-17　　"冻结"图层

当前图层不能冻结，也不能将冻结的图层改为当前图层，因此无法在被冻结的图层中直接绘制图元。

"冻结"图层和"关闭"图层的区别在于：冻结图层时，图层中的图形数据不会生成；关闭图层时，会生成图层中的数据，只是不显示出来。当处理复杂图形文件时，可以冻结不用的图层，仅显示需要的图层，这样可以大大加快图形重生成的速度。

3. 锁定/解锁图层

绘图时经常需要将某些图元作为基准或底图，在绘图的过程中不希望这些图元被编辑，这时可以将图元所在的图层锁定。

在列表中，单击"锁定"对应的图标，可以锁定或解锁图层。小锁打开表示解锁，小锁关闭表示锁定，如图 3-18 所示。

 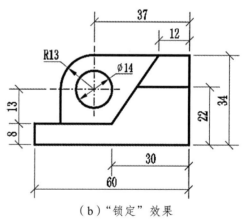

（a）"锁定"尺寸标注图层　　　　　　　（b）"锁定"效果

图 3-18　　"锁定"图层

为了区分锁定的图层，可将锁定的图层内容淡显。通过"图层"面板中的"锁定的图层淡入"控制条，可以调整锁定图层的淡显程度，如图 3-19 所示。

锁定的图层可以置为当前，因此可以在该图层上直接绘

图 3-19　　"锁定"图层的淡入设置

制图元，但锁定的图层上的对象不能被编辑。

4. 快速管理图层

除了可以在图层设置中启动图层管理功能外，还可以利用"图层"控制面板（图 3-20）右下区域中的按钮快速启动管理功能。

图 3-20 "图层"控制面板

点击"关"按钮，再点击要关闭的图元，可以关闭图元所在的图层。当需要打开所有被关闭的图层时，可以点击"开"按钮。

点击"冻结"按钮，再点击要冻结的图元，可以冻结图元所在的图层。当需要解冻所有被冻结的图层时，可以点击"解冻"按钮。

点击"锁定"按钮，再点击要锁定的图元，可以锁定图元所在的图层。当需要解锁所有被锁定的图层时，可点击"解锁"按钮。

当只需要在众多图层中编辑某图层的图元时，可以点击"隔离"按钮，再点击要编辑的图元，就能单独将图元所在的图层隔离出来，其余图层将被锁定或关闭。取消隔离可点击面板中的取消隔离按钮。

5. 设置当前图层

将图层置为当前图层，可以使用下面 3 种方法：

（1）在"图层"面板的图层列表中，选择该图层。

（2）使用"图层"面板的"置为当前"按钮，可通过选中图层中的对象，将图层置为当前图层。

（3）在"图层特性管理器"对话框的图层列表中选中图层后，单击"置为当前"按钮或双击图层名称。

图 3-21 "特性"面板

将图层设置为当前图层后，在该图层绘制的图元将具有图层的属性，如颜色、线型、线宽等。但是如果在绘图时，修改了"特性"面板中的对象颜色、线型、线宽的 ByLayer 状态，则绘制的图元将以修改后属性显示。如图 3-21 中将颜色特性由 ByLayer 改为红色，则此后绘制的所有图元都是红色，与图层颜色设置无关，绘制图元的线宽和线型与图层设置一致。因此非必要，不要修改"特性"面板中的 ByLayer 属性。

6. 调整对象所在图层

绘图时，如果发现图元绘制在错误的图层上，此时可以使用以下方法修改图元所在图层：

（1）选中图形，在"图层"面板中的图层列表中选择正确的图层，见图 3-20。

（2）使用"特性"面板中的"特性匹配"，见图 3-21。特性匹配可以将选定对象的特性应用到其他对象，可应用的特性类型包含颜色、图层、线型、线型比例、线宽、打印样式、透明度和其他指定的特性。

（3）使用"图层"面板的"匹配图层"按钮，见图 3-20，可将选定图元更改为目标图元所在的图层。

3.2　绘图辅助工具

使用 AutoCAD 绘图需要保证绘图的精确程度，这样在后期的使用中可以从电子图纸中得到更多准确的数据，这在手工绘图时是无法实现的。AutoCAD 为精确绘图提供了栅格、捕捉、正交、极轴、对象捕捉等辅助工具，熟悉这些辅助工具可以使作图又快又准。图 3-22 为 AutoCAD 2020 的状态栏，它显示在应用程序的右下角，通过状态栏可以实现绘图辅助工具的打开和关闭，图标点亮并加框为打开。

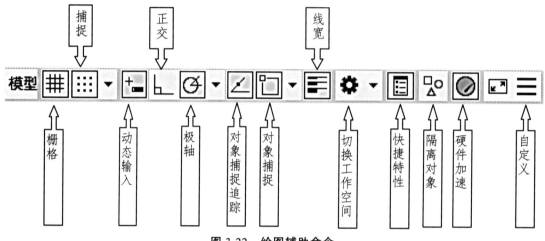

图 3-22　绘图辅助命令

注：若命令按钮没有显示在状态栏中，点击自定义，选择其中的相应命令可使命令出现在状态栏中。

3.2.1　栅格和捕捉

使用 acadiso.dwt 样板创建新建文件，文件打开后绘图区域显示栅格，如图 3-23 所示，栅格为打开状态。使用栅格可以直观地显示距离和对齐方式，但绘图时多数使用数据驱动，因此栅格只是起到辅助的作用。

"捕捉"使用指定的捕捉间距限制光标移动，或追踪光标并沿极轴对齐路径指定增量。当捕捉功能打开时，光标仅出现在捕捉到的位置，因此移动光标时呈跳跃现象。

绘图中使用"栅格"和"捕捉"功能，可在一定程度上可以提高绘图效率。

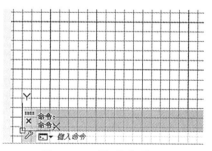

图 3-23　"栅格"效果

"捕捉"和"栅格"功能的打开和关闭，可以通过以下方法：

（1）在 AutoCAD 2020 状态栏中，左键点击"栅格"按钮 和"捕捉"按钮 ；

（2）按 F7 键打开或关闭栅格，按 F9 键打开或关闭捕捉。

在状态栏中的"捕捉"或"栅格"图标上点击鼠标右键，可以打开如图 3-24 所示的草图设置对话框，可以在对话框中设置捕捉和栅格的相关参数。

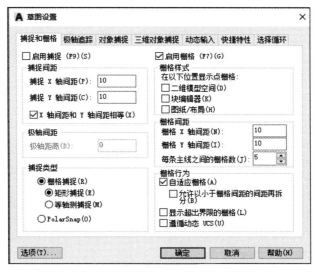

图 3-24 "栅格"和"捕捉"设置

3.2.2 正交

正交打开时，将约束光标仅在水平方向或垂直方向移动。

打开或关闭正交模式可使用以下方法：

（1）单击按下状态栏的"正交"按钮▉。

（2）按 F8 功能键。

正交功能不需要设置参数，只要打开该功能即可。在绘制水平线或竖直线时，利用正交模式能够提高绘图的准确度。

3.2.3 极轴追踪

当绘图时经常使用某个角度时，可将该角度设置为"极轴追踪"中的增量角，打开"极轴追踪"功能后，可以快速定位到极轴角度所定义的临时对齐路径。

单击状态栏"极轴追踪"按钮▉或者点击 F10 功能键，可以打开或关闭极轴追踪功能。启用极轴追踪绘图时光标处将出现如图 3-25 的提示信息。

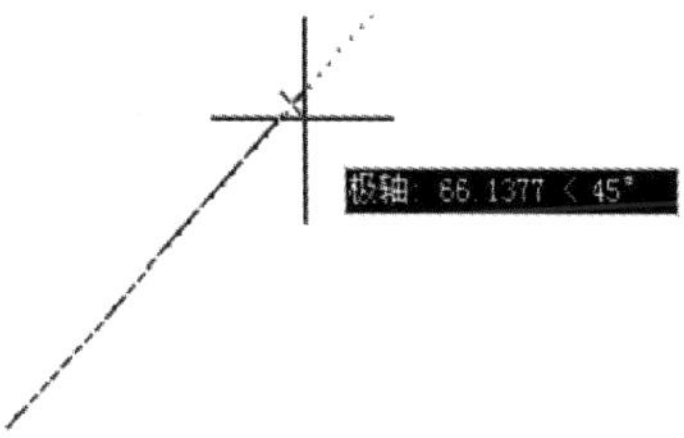

极轴追踪的设置可在状态栏上的极轴追踪按钮上点击鼠标右键，弹出图 3-26（a），可以直接选择软件提供的角度进行追踪，也可以点击"正在追踪设置"，打开图 3-26（b）所示的极轴追踪选项卡，在增量角处输入 45，即可以追踪到 45，90，135，180……等 45° 的整数倍的角度。

图 3-25 启用极轴追踪

90, 180, 270, 360...	
✓ 45, 90, 135, 180...	
30, 60, 90, 120...	
23, 45, 68, 90...	
18, 36, 54, 72...	
15, 30, 45, 60...	
10, 20, 30, 40...	
5, 10, 15, 20...	
正在追踪设置...	

（a）　　　　　　　　　　　　　（b）

图 3-26　"极轴追踪"设置

"极轴角测量"选项用于确定角度测量的方式。"绝对"是根据当前坐标系（UCS）确定极轴追踪角度，一般水平方向为 0°；"相对上一段"是根据上一个绘制线段确定极轴追踪角度，即上一段线矢量方向为 0°，两者的区别见图 3-27。

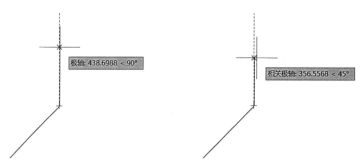

图 3-27　极轴角测量

"附加角"复选框，点击"新建"或"删除"按钮，可以设置"附加角"，附加角的功能是追踪到角度本身，如附加角为 22.5，则只能追踪到 22.5°，如图 3-28 所示，但是附加角可以设置多个不同的角度。

注：显示中长度和角度的精度，由"单位"设置决定。若图 3-28 中角度显示为 23°，可在"格式"→"单位"中设置角度精度为 0.0。

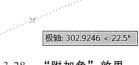

图 3-28　"附加角"效果

3.2.4　对象捕捉

绘图时经常利用已有的图元中的特殊点进行定位，例如直线的端点、中点或圆的圆心、象限点或图元的交点等。AutoCAD 中提供了对象捕捉功能，使绘图时可以方便地捕捉到图形中的特殊点，从而大大地提高绘图的精度和速度。

如图 3-29 所示为使用对象捕捉创建从圆心到另一条直线中点的直线时的提示。默认情况下，当光标移到对象的对象捕捉位置时，将显示标记和工具提示。此功能称为 AutoSnap（自动捕捉），提供了视觉确认，指示哪个对象捕捉正在使用。

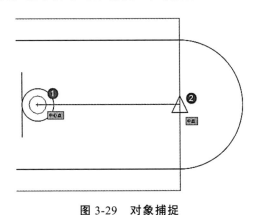

图 3-29　对象捕捉

单击状态栏"对象捕捉"按钮▣或者点击 F3 功能键，可以打开或关闭对象捕捉功能。

1. 对象捕捉的类别

在状态栏的对象捕捉按钮上点击鼠标右键，弹出图 3-30（a），通过点击选项，可以控制在运行对象捕捉命令时哪些特殊点将被捕捉，也可以点击"对象捕捉设置"进入草图设置的"对象捕捉"选项卡，如图 3-30（b）所示，通过点击复选框设置特殊点，这些特殊点即捕捉类别，它们的类别名称、功能及标记见表 3-1。

（a）

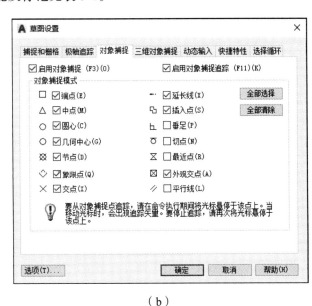

（b）

图 3-30　"对象捕捉"设置

表 3-1　对象捕捉类别

捕捉类别	按钮	关键词	标记	功　　能
端点		end	□	捕捉到几何对象的最近端点或角点
中点		mid	△	捕捉到几何对象的中点
几何中心		gcen	○	捕捉到任意闭合多段线和样条曲线的质心
交点		int	×	捕捉到几何对象的交点
外观交点		app	⊠	捕捉在三维空间中不相交但在当前视图中看起来可能相交的两个对象的视觉交点
延长线		ext	--··	当光标经过对象的端点时，显示临时延长线或圆弧，以便用户在延长线或圆弧上指定点
圆心		cen	○	捕捉到圆弧、圆、椭圆或椭圆弧的中心点
象限点		qua	◇	捕捉到圆弧、圆、椭圆或椭圆弧的象限点
切点		tan	○	捕捉到圆弧、圆、椭圆、椭圆弧、多段线圆弧或样条曲线的切点
垂足		per	⊥	捕捉到垂直于选定几何对象的点
平行线		par	//	可以通过悬停光标来约束新直线段、多段线线段、射线或构造线以使其与标识的现有线性对象平行
插入点		ins	⅃	捕捉到对象（如属性、块或文字）的插入点
节点		nod	⊠	捕捉到点对象、标注定义点或标注文字原点
最近点		nea	⊠	捕捉到对象（如圆弧、圆、椭圆、椭圆弧、直线、点、多段线、射线、样条曲线或构造线）的最近点

2. 对象捕捉的方式

AutoCAD 2020 提供两种对象捕捉方式："执行对象捕捉"和"指定对象捕捉"。

"执行对象捕捉"：如果需要经常使用一个或多个对象捕捉，可以启用"执行对象捕捉"，它将在所有后续命令中保留。例如，可以将"端点"、"中点"和"中心"设置为执行对象捕捉。

"指定对象捕捉"：仅需要某种特定对象捕捉时，可以通过以下方法实现：按住 Shift 键并单击鼠标右键以显示"对象捕捉"快捷菜单，如图 3-31 所示，从菜单选择要捕捉的特殊点，光标移动到对象上，将仅捕捉到指定的特殊点。

"执行对象捕捉"和"指定对象捕捉"的区别在于：

"执行对象捕捉"需要先设置捕捉类型，并且打开对象捕捉命令。在绘图的过程中，当命令行提示输入点时，移动光标到已有的对象上，系统根据光标位置给出距离光标最近的符合捕捉条件的特殊点，并显示标记和工具提示。如果捕捉到的不是需要的点，可将光标移动至更近位置或者按动 Tab 键切换至光标出现在需要的位置。

图 3-31　"对象捕捉"对话框

58

"指定对象捕捉"不需要提前设置捕捉类型，当命令行提示输入点时，直接按 Shift 键+鼠标右键，即可指定要捕捉的类型。"指定对象捕捉"仅执行一次，下次再捕捉需再次指定，而且每次只能指定一种捕捉类别，因此没有其他捕捉类别的干扰。

注：使用"对象捕捉"功能必须满足两个条件：一是图中必须有对象；二是命令行提示输入点，否则将不会捕捉。

3. 操作举例

例 3–1　分析图 3-32（a），使用恰当的方法完成绘制。

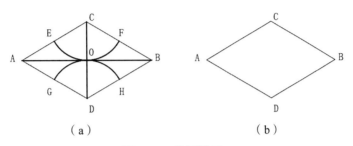

（a）　　　　　　　　　　　　　　　（b）

图 3-32　绘图练习 1

分析：图中 AB 线和 CD 线为菱形对角线，为菱形各边端点的连线；E、F、G、H 分别为菱形边的中点，O 为 AB 和 CD 线的交点，也是 AB 和 CD 线的中点。绘图时需要捕捉端点、中点和交点，使用"执行对象捕捉"获取各点。

操作过程如下：

（1）打开"对象捕捉"选项卡，选择"端点"、"中点"、"交点"复选框，启用对象捕捉模式，如图 3-33 所示。

图 3-33　设置对象捕捉类别

（2）绘制对角线。

执行直线命令 Line，命令行提示与操作如下：

命令：LINE

指定第一个点：（移动光标至 A 点附近，当出现捕捉到"端点"标记回时，单击鼠标左键确认）

指定下一点或[放弃(U)]：（移动光标至 B 点附近，当出现捕捉到"端点"标记回时，单击鼠标左键确认）

指定下一点或[放弃(U)]：回车

命令：LINE

指定第一个点：

指定下一点或[放弃(U)]：（移动光标至 C 点附近，当出现捕捉到"端点"标记回时，单击鼠标左键确认）

指定下一点或[放弃(U)]：（移动光标至 D 点附近，当出现捕捉到"端点"标记回时，单击鼠标左键确认）

指定下一点或[放弃(U)]：回车

完成对角线，如图 3-34。

（3）绘制上圆弧。

执行画圆弧命令 arc，命令行提示与操作如下：

命令：ARC

指定圆弧的起点或[圆心(C)]：（移动光标至 AC 线中点附近，当出现捕捉到"中点"标记△时，单击鼠标左键确认）

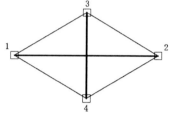

图 3-34　绘制对角线

指定圆弧的第二个点或[圆心(C)/端点(E)]：（移动光标至菱形两对角线的交点附近，显示捕捉到"中点"标记△，单击鼠标左键确认)(若想捕捉到中点，可多次点击 Tab 键直到出现"交点"标记⊠)

指定圆弧的端点：（移动光标至菱形 BC 边中点附近，当出现捕捉到"中点"标记△时，单击鼠标左键确认）

完成上圆弧，如图 3-35 所示。

（4）绘制下圆弧，绘制方法与绘制上圆弧相同。

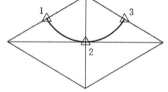

图 3-35　绘制上圆弧

例 3-2　分析图 3-36（a），使用恰当的方法完成绘制。

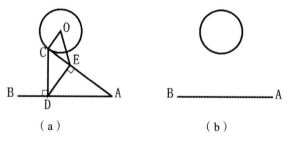

（a）　　　　　　　　　（b）

图 3-36　绘图练习 2

分析：AB 线水平，AC 线与圆相切，A 为 AB 线端点，C 为切点；CD 线垂直于 AB 线，D 为垂足，CD 线竖直；DE 线垂直于 AC 线，E 为垂足；EO 线中 O 为圆心；OC 线中 C 为 AC 线端点，且 OC 线垂直于 AC 线。绘图时需要捕捉切点、垂足、圆心、端点，其中切点和垂足为不常用的捕捉类别，因此捕捉该点时使用指定对象捕捉获取各点，端点和圆心使用执行对象捕捉获取各点。

操作过程如下：

（1）打开"对象捕捉"选项卡，选择端点、圆心，启用对象捕捉模式，如图 3-37 所示。使用指定对象捕捉的特点是：当需要捕捉特定点时，按住 Shift 键同时在绘图区域点击鼠标右键，再选择需要的捕捉类别。

图 3-37　设置对象捕捉类别

（2）绘制图线。

命令：line

指定第一点：（移动光标到直线 AB 靠近 A 点处，当出现捕捉"端点"标记■时，单击鼠标左键确认）

指定下一点或[放弃(U)]：（按 Shift 键+鼠标右键，选择切点，移动光标至圆下半部分，当出现捕捉"切点"标记■时，单击鼠标左键确认）

注：使用指定对象捕捉，此时不会出现其他捕捉类别。

指定下一点或[放弃(U)]：（按 Shift 键+鼠标右键，选择垂足，移动光标至水平直线位置，出现捕捉"垂足"标记■时，单击鼠标左键确认）

指定下一点或[闭合(C)/放弃(U)]：（按 Shift 键+鼠标右键，选择垂足，移动光标到直线 AC 上，当出现捕捉"垂足"标记■时，单击鼠标左键确认）

指定下一点或[闭合(C)/放弃(U)]：（移动光标到圆周上，当出现圆心标记■时，捕捉"圆心"，单击鼠标左键确认）

指定下一点或[闭合(C)/放弃(U)]：（移动光标到 C 点附近，当出现捕捉"端点"标记■时，单击鼠标左键确认）

指定下一点或[闭合(C)/放弃(U)]：（回车，结束命令）

完成图形绘制，如图 3-38 所示。

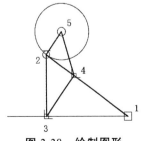

图 3-38　绘制图形

例 3-3　分析图 3-39（a），使用恰当的方法完成绘制。

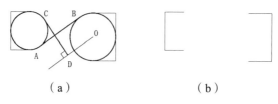

（a）   （b）

图 3-39   绘图练习 3

分析：圆与直线相切，AB 为圆的公切线，O 为圆心，OD 线平行于 AB 线，CD 线垂直于 OD 线且与圆相切。绘图时需要捕捉："切点""圆心""垂足"和"平行"，使用"执行对象捕捉"和"指定对象捕捉"获取各点。

操作过程如下：

（1）设置对象捕捉。

（2）绘制圆。

利用三点绘制圆，绘制左侧圆。

命令：_circle

指定圆的圆心或[三点(3P)/两点(2P)/切点、切点、半径(T)]：3P

指定圆上的第一个点：（Shift 键+鼠标右键，选择切点，移动光标至上水平直线位置，出现"切点"标记 时，单击鼠标左键确认）

指定圆上的第二个点：（Shift 键+鼠标右键，选择切点，移动光标至竖直线位置，出现"切点"标记 时，单击鼠标左键确认）

指定圆上的第三个点：（Shift 键+鼠标右键，选择切点，移动光标至下水平直线位置，出现"切点"标记 时，单击鼠标左键确认）

绘制右侧圆可利用三个切点绘制圆，也可直接选择圆绘图命令中的 相切, 相切, 相切，此时可以省掉每次都要设置捕捉类别的过程，使绘图更加简便。

命令：_circle

指定圆的圆心或[三点(3P)/两点(2P)/切点、切点、半径(T)]：_3p 指定圆上的第一个点：_tan 到（移动光标至右上水平直线位置，出现"切点"标记 时，单击鼠标左键确认）

指定圆上的第二个点：_tan 到（移动光标至右竖直线位置，出现"切点"标记 时，单击鼠标左键确认）

指定圆上的第三个点：_tan 到（移动光标至右下水平线位置，出现"切点"标记 时，单击鼠标左键确认）

完成圆绘制，如图 3-40 所示。

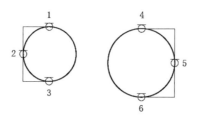

图 3-40   绘制圆

（3）绘制公切线

命令：line

指定第一点：（Shift 键+鼠标右键，选择切点，移动光标至图中 A 点附近，出现"切点"标记⊙时，点击鼠标左键确认，如图 3-41 所示）

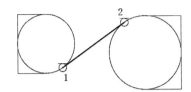

图 3-41　绘制公切线

指定下一点或[放弃(U)]：（Shift 键+鼠标右键，选择切点，移动光标至圆 B 点附近，出现"切点"标记⊙时，点击鼠标左键确认）

指定下一点或[放弃(U)]：（回车，结束命令）

完成公切线绘制，如图 3-41 所示。

注：图中公切线端点在绘图时均不确定，使用 AutoCAD 绘图，只需要在捕捉切点状态下，在圆上可能出现切点的范围点击左键，软件将自动计算切点的具体位置。

（4）绘制平行线。

命令：line

指定第一点：（Shift 键+鼠标右键，选择圆心，移动光标至右侧圆上，当圆内出现圆心标记时，点击左键确认）

指定下一点或[放弃(U)]：（Shift 键+鼠标右键，选择平行线，移动光标至 AB 线上，AB 上出现"平行"标记∥后，沿与 AB 线垂直方向移动光标，当 AB 线上再次出现"平行"标记∥时，点击左键绘制平行线）

指定下一点或[放弃(U)]：（回车，结束命令）

完成平行线绘制，如图 3-42 所示。

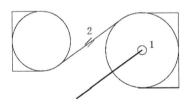

图 3-42　绘制平行线

（5）绘制垂线。

命令：line

指定第一点：（Shift 键+鼠标右键，选择切点，移动光标至左侧圆上部，出现"切点"标记⊙时，点击左键确认）

指定下一点或[放弃(U)]：（Shift 键+鼠标右键，选择垂直，移动光标至 OD 线上，出现"垂足"标记Ⴈ时，点击左键完成垂线绘制）

指定下一点或[放弃(U)]：（回车，结束命令）
完成垂线绘制，如图 3-43 所示。

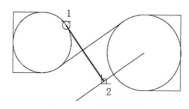

图 3-43　绘制垂线

3.2.5　对象捕捉追踪

　　使用该命令时，需要同时打开对象捕捉追踪（☑）和对象捕捉（☐）。该命令的操作时，首先获取到特殊点，已获取的点将显示一个小加号（＋），当在绘图路径上移动光标时，将显示相对于获取点的水平、垂直或极轴对齐路径，从而提高绘图的速度。

　　在"极轴追踪"选项卡中有对象捕捉追踪的设置，追踪的方式有两种：默认情况，追踪方式为"仅正交追踪"，即追踪方向为水平或垂直；另一种追踪方式为"用所有极轴角设置追踪"，即追踪方向为极轴追踪中设定的极轴角的整数倍，同时也可以追踪水平和垂直方向，如图 3-44 所示。

图 3-44　对象捕捉追踪设置

例 3-3　以矩形的中心为圆心，绘制半径为 50 的圆，如图 3-45（a）所示。
绘图过程如下：
（1）在"对象捕捉"选项卡中设置捕捉类别"中点"，启用"对象追踪"功能。
（2）命令：circle
指定圆的圆心或[三点(3P)/两点(2P)/相切、相切、半径(T)]：（移动光标至矩形水平线中点附近，出现中点标记△（不拾取），沿垂直方向移动光标，出现垂直方向的追踪路径；然后移动光标到矩形垂直线中点附近，出现中点标记△（不拾取），沿水平方向移动光标，出现水平方向的追踪路径，光标移动至如图 3-45（b）位置附近时，水平和垂直追踪路径同时出现并出现如图提示时，点击左键拾取该点，该点即为矩形中心点。

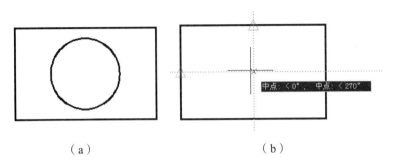

（a）   （b）

图 3-45   对象捕捉追踪

指定圆的半径或[直径(D)] <0>：50

注：图中矩形若使用"矩形"命令或闭合的"多段线"绘制，可以捕捉"几何中心"，即为圆心位置。

3.2.6   动态输入

点击状态栏中的"动态输入"按钮 ，可以启动动态输入命令。

启用动态输入后，命令行输入的信息出现在光标旁，敲击回车完成输入。

注：命令行提示信息仍出现在命令行。

如图 3-46 所示，使用键盘输入"Line"，光标旁出现输入框，并显示相关提示信息，如图 3-46（a）所示，回车确定。

命令行提示："LINE 指定第一个点："，光标旁出现如图 3-46（b）所示输入框。蓝色输入框是敲击键盘直接输入信息的窗口，当需要输入另一数据时，可点击 Tab 键，再切换至另一窗口再进行输入。

绘图中，当光标出现在极轴追踪的位置时，出现如图 3-46（c）所示的提示框和输入框，提示框显示当前极轴追踪的信息；输入框（18.5）可输入数据指定绘制线段的长度，按 Tab 键，可输入绘制线段的角度（45°）。

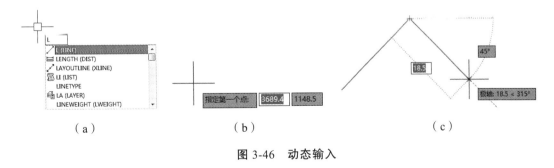

（a）   （b）   （c）

图 3-46   动态输入

3.2.7 特性和快捷特性

AutoCAD 提供了三种显示对象特性的工具：一是功能区的特性面板，见图 3-21，主要显示当前绘图使用的颜色、线宽、线型等；二是特性对话框；三是快捷特性。特性面板前一节已经介绍，这里主要介绍特性对话框和快捷特性。

特性对话框可以通过点击"特性"面板右下角的箭头打开，也可以在选中对象时点击鼠标右键，在弹出的菜单中选择"特性"打开。特性对话框中显示的内容与是否选中对象、选中一个对象还是选中多个对象有关。当未选中对象时，显示的内容为基本信息，如图 3-47（a）所示，其中的"常规"为当前绘图使用的图层、颜色、线型、线型比例、线宽等信息。当选中一个对象时，除"常规"显示当前选中对象的图层、颜色、线型等信息外，增加"几何图形"信息，该处根据选中的对象类别不同显示也不同；如选中圆时，该处显示圆心坐标、半径、直径、周长、面积等信息，如图 3-47（b）所示；选中直线时，该处显示直线的起点坐标、端点坐标、长度、角度等信息，如图 3-47（c）所示。当选中多个对象时，若对象类别相同，将显示相同的内容，不同的内容显示为多种或不显示，如图 3-47（d）（e）显示选中对象为"全部（4）"，即选中的对象共有 4 个，点击右侧三角形可以看到选中的具体对象类别，4 个对象属于两种类别，因此只显示"常规"内容，且对象处于多种图层。

特性对话框中显示的内容有"亮显"和"暗显"两种，暗显内容不可修改，亮显内容可以进行修改，例如图 3-47（b）中圆的半径，可以通过修改数值为 10，从而将圆的半径改为 10，也可以将图 3-47（c）中线型比例设置为 5。

（a）

（b）

（c）

（d） （e）

图 3-47　"特性"对话框

　　快捷特性可以在状态栏中点击按钮![icon]打开功能。开启该功能后，点击绘图区域的图元，将弹出关于选中的图元的简单的特性窗口，如图 3-48（a）所示。针对选中的一个图元或多个图元、同种类别的图元或不同类别的图元，显示的内容不同，如图 3-48（b）所示。快捷特性显示的特性信息较少，可以通过快捷菜单右上角 CUI 按钮，自定义快捷特性显示的特性项目，如图 3-49 所示。

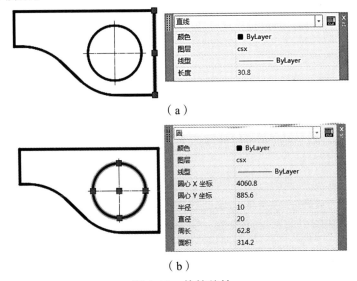

（a）

（b）

图 3-48　快捷特性

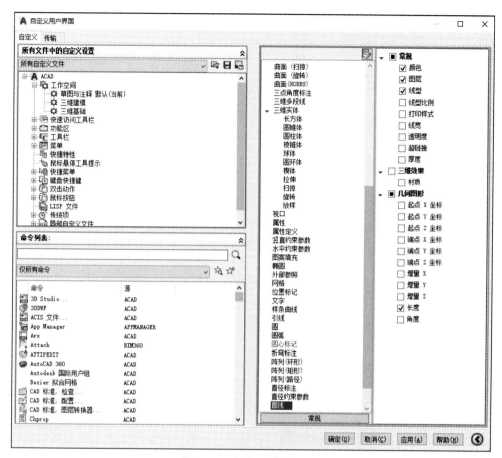

图 3-49　自定义快捷特性

3.3　视图显示

绘图时经常需要调整视图范围，以查看绘制的图形内容，在 AutoCAD 2020 中调整视图显示的方法比以前版本更加简便。

3.3.1　视图缩放

在 AutoCAD 2020 中，可以通过缩放视图来观察图形对象。

视图缩放有以下几种方式：

（1）滚动鼠标滚轮缩放视图。

在 AutoCAD 中绘图时，上下滚动鼠标滚轮可以实现视图缩放。默认状态下，向上滚动滚轮，实现放大视图功能；向下滚动滚轮，实现缩小视图功能。

使用滚轮缩放视图时，鼠标所在位置为缩放的中心，依据这个原理可以调整视图的平面位置。

（2）双击鼠标滚轮缩放视图。

在绘图区域双击鼠标中轮，可将图纸中所有绘制的图形显示出来。该方法执行的是"范围缩放"（Z→E）命令，使用该命令可以解决无法看全整个图形的问题。

（3）命令行输入 Zoom 命令，根据提示信息完成缩放。

命令：ZOOM

指定窗口的角点，输入比例因子 (nX 或 nXP)，或者[全部(A)/中心(C)/动态(D)/范围(E)/上一个(P)/比例(S)/窗口(W)/对象(O)] <实时>：

3.3.2 视图平移

使用以下方法可以实现视图平移：

（1）PAN 命令平移视图。

命令行输入 Pan 命令，光标变为小手，点击左键并移动光标，实现移动视图。

（2）按下鼠标滚轮并移动鼠标。

按下鼠标滚轮，光标变为按下的小手，移动鼠标，可移动视图。

3.3.3 重画与重生成图形

绘图过程中，屏幕上偶尔会有非图形中的临时标记；有时候图形中不连续线型显示为实线，圆或圆弧显示为折线，此时可以使用 AutoCAD 2020 的重画与重生成进行调整。

使用"重画"（Redraw）命令，系统将在显示内存中更新屏幕，消除临时标记，使用重画命令可以更新当前视图。

使用"重生成"（Regen）命令，系统从磁盘中调用当前图形的数据，重新生成全部图形并在屏幕上显示出来。使用"重生成"命令可以解决图形显示无法缩放或使用 Pan 命令无法移动的问题。

AutoCAD 2020 中，当前视图进行缩放等操作时，软件会根据视图中显示的情况自动执行"重生成"命令，使视图处于最佳显示状态。

3.4 上机实验

实验 1 按要求设置图层

1. 目的要求

按表 3-2 要求设置图层。

设置图层后，进行以下练习：

（1）在相应的图层上绘制图 3-50，不标注尺寸；

（2）把某一图层上的图形转换到另一图层上；

（3）调整线型比例，观察虚线、单点长画线的变化；

（4）选择某一图层，将其状态分别设置为"关闭"或"锁定"或"冻结"，然后对其上的图形进行编辑或在该图层绘图，观察命令的执行情况。

表 3-2　图层设置

图层名	颜色	线型	线宽
粗实线	白色	Continous	0.5 mm
中粗实线	绿色	Continous	0.25 mm
细实线	洋红色	Continous	0.13 mm
虚线	红色	HIDDEN	0.13 mm
单点长画线	蓝色	CENTER	0.13 mm
双点长画线	绿色	Continous	0.13 mm
文字标注	青色	Continous	0.13 mm

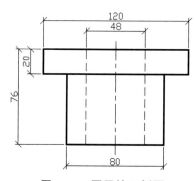

图 3-50　图层练习例图

2. 操作提示

（1）使用"图层特性管理器"设置表 3-2 所示图层。

（2）利用绘图命令在不同的图层上绘制图形。

（3）利用"格式"-"线型"调整非连续线型的线型比例。

实验 2　利用对象捕捉功能绘制图 3-51 所示图形

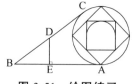

图 3-51　绘图练习

1. 目的要求

利用对象捕捉精确绘制图 3-51 所示图形（大圆直径 20，AB 长 32），通过本实验掌握捕捉对象上特殊点的方法。

2. 操作提示

（1）绘制圆；

（2）使用 line 绘制圆内接正方形，正方形四个顶点在圆的象限点上；

（3）使用 rectang 命令绘出小正方形；

（4）利用 arc 命令绘制小正方形内的圆弧，圆弧的两端点及中点分别在小正方形 3 个边的中点；

（5）过 A 点绘制水平直线 AB，再绘制直线 BC 与圆相切，D 为 BC 的中点，DE⊥AB。

实验 3　利用极轴功能绘制图 3-52 所示图形

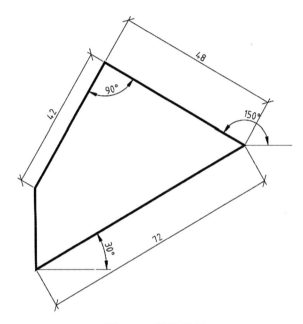

图 3-52　极轴练习

1. 目的要求

利用极轴追踪功能绘制图 3-52 所示图形。

2. 操作提示

（1）启用极轴追踪；

（2）设置角增量为 30°；

（3）利用 line 命令绘图；

（4）极轴角测量分别利用"绝对"和"相对于上一段"。

第4章　二维图形的编辑

在绘制复杂图形时，只使用绘图命令或绘图工具往往效率很低，借助图形编辑命令对已有的图形进行移动、复制和删除等修改操作，将极大地提高绘图效率。编辑命令与绘图命令配合使用，可以进一步完成复杂图形的绘制工作，减少重复性的工作。因此，用户熟练掌握和使用编辑命令合理地构造和组织图形，简化绘图操作，可极大地提高绘图效率。

本章将详细介绍二维图形的编辑方法，主要内容包括：选择对象、修改对象、特性编辑及夹点编辑等。

4.1　选择对象

当用户执行某编辑命令时，命令行会提示：

选择对象：

此时，需要用户从屏幕上选择要进行编辑的对象（屏幕上的十字光标变成了一个小方框，即拾取框）。在 AutoCAD 中，系统提供了多种选择对象的方法，但这些方法并不显示在任何菜单或工具栏中。如需显示选择对象的方法，可在"选择对象："提示下输入"？"后按 Enter 键，命令行显示如下：

需要点或窗口(W)/上一个(L)/窗交(C)/框(BOX)/全部(ALL)/栏选(F)/圈围(WP)/圈交(CP)/编组(G)/添加(A)/删除(R)/多个(M)/前一个(P)/放弃(U)/自动(AU)/单个(SI)/子对象(SU)/对象(O)

选择对象：

此时用户可以根据需要选择合适的方法，在"选择对象："的提示下直接选择或输入一个选项再进行选择。下面介绍几种常用的对象选择方法。

1. 点选择

"点"选是选择对象缺省的选择方式。用户用拾取框直接点击一个对象，被选中的对象将以虚线显示，如果需要选择多个图形对象，可以不断单击需要选择的图形对象，这个过程中命令行"选择对象："的提示会重复出现，直到按"Enter"键确认选择为止。

2. 窗口选择

利用窗口选择可以选取完全包含到某一区域中的所有对象，实现一次选择多个对象。采用该方式选择对象时，在要选择的多个图形对象的左上角或左下角点击鼠标左键，向右下角或右上角方向拖动鼠标至合适的位置，系统将显示一个实线矩形框，框内区域呈淡蓝色，当该实线矩形框将需要选择的对象包围后，单击鼠标，则完全包围在该矩形框中的所有对象被选中，如图 4-1 所示，矩形和圆两个对象被选中。需要注意的是，图中两直线没有完全位于矩形框内，故没被选中。

3. 窗交选择

窗交选择与窗口选择类似，均利用一个矩形框选择对象。不同之处为窗交选择不仅选中了完全位于矩形窗口框内的对象，也选中了与矩形窗口框相交、但未完全位于框内的对象。采用该方式选择对象时，在要选取的多个图形对象的右上角或右下角单击，向左下角或左上角方向拖动鼠标，系统将显示一个虚线矩形框，框内区域呈淡绿色，当该虚线矩形框将需要选择的对象包围或相交后，单击鼠标，则包围在该虚线矩形框内的所有对象，以及与该矩形框相交的所有对象均被选中，如图 4-2 所示，不仅矩形和圆被选中，两直线也被选中。

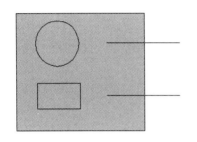

图 4-1　窗口选择

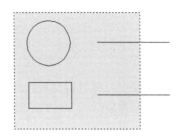

图 4-2　窗交选择

4. 全部选择

"全部"选择适用于选择图形文件中的所有对象。在"选择对象:"提示下输入"all"，按回车键或空格键后即可选择全部对象。

注意：全部选择可以将位于关闭图层里的对象选中。

5. 栏选择

"栏"选择可以使用户非常容易地在复杂图形中选择非相邻对象。所谓栏选是多段折线，凡被多段折线穿过的对象均被选中。

在"选择对象:"提示下输入"f"后按回车键或空格键，出现如下提示：

指定第一个栏选点：（指定折线第一点）

指定下一个栏选点或[放弃(U)]：（指定折线第二点）

指定下一个栏选点或[放弃(U)]：（指定折线第三点）

……

指定下一个栏选点或[放弃(U)]：（按回车键或空格键结束）

执行结果为圆、矩形和一条直线被选中，如图 4-3 所示。

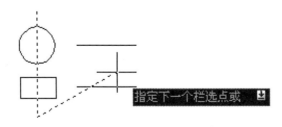

图 4-3　使用"栏"选择对象

6. 删除选择

"删除"选择可以从被选择的对象中清除对象。"选择对象:"提示总是处于添加状态,当在"选择对象:"提示后键入"r"按回车键或空格键后,命令行提示将变为:

删除对象:

此时可以用任何选择方法选择要清除的对象。

另外,按住 Shift 键,再用上述任意一种方式选择对象,也可以从被选中的对象中清除该对象,该对象由虚线显示变为正常状态。

4.2 删除对象

在绘图过程中,有时需要删除先前绘制的一些图形,利用 AutoCAD 的"删除"命令可以很方便地删除对象。

1. 激活"删除"命令的方式

- 命令行:Erase 或 E。
- 下拉菜单:"修改" ⇨ "删除"。
- 功能区"默认"选项卡⇨"修改"面板: 。

如果在删除操作之前选中了某个对象或某些对象,则使用以上三种激活方式中的任何一种,都可以直接删除当前选择集中的所有对象。如果事先没有选择对象,则激活 Erase 命令后,命令行提示:

Erase 选择对象:

2. 选择对象

选择需要删除的对象,然后在"选择对象:"提示下按回车键或空格键结束选择,选中的对象被删除,命令同时终止。

AutoCAD 中,还可以先选择对象,然后直接点击键盘上的"Delete"键删除对象,而无须激活"删除"命令。

4.3 调整对象位置

在绘图时,对于那些不改变图形形状而只改变图形位置的对象,可以使用移动命令进行调整,有时候还需要把图形旋转一个角度,此时则可以使用旋转命令进行调整。

4.3.1 移动对象

移动对象是将对象位置平移,而不改变对象的大小和方向。

1. 激活"移动"命令的方式

- 命令行：move 或 m。
- 下拉菜单："修改" ⇨ "移动"。
- 功能区"默认"选项卡⇨"修改"面板："移动"按钮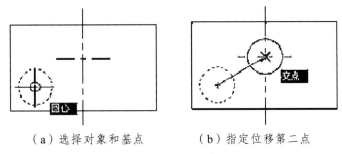。

2."移动"命令执行过程

如图 4-4 所示，利用移动命令移动图 4-4（a）中的圆，使其圆心过两中心线的交点。

命令：move

选择对象：（选择图 4-4（a）中要移动的圆对象）

选择对象：（按回车键或空格键结束选择）

指定基点或[位移(D)]<位移>：（捕捉图 4-4（a）所示的圆心）

指定第二个点或<使用第一个点作为位移>：（捕捉图 4-4（b）所示的交点作为位移的第二点，完成对象移动）

注意：在"指定基点"和"指定第二个点"时，可以通过输入点的坐标来确定。

（a）选择对象和基点　　　　（b）指定位移第二点

图 4-4　移动对象

4.3.2　旋转对象

用户可以通过选择一个基点和一个相对的或绝对的旋转角来旋转对象。如果用户指定一个相对角度，则将对象从当前的方向绕基点旋转指定的相对角度。如果用户指定一个绝对角度，则将对象从当前的角度绕基点旋转到指定的绝对角度。

1. 激活"旋转"命令的方式

- 命令行：rotate 或 ro。
- 下拉菜单："修改" ⇨ "旋转"。
- 功能区"默认"选项卡⇨"修改"面板：。

2."旋转"命令执行过程

如图 4-5 所示，利用旋转命令旋转某房屋的平面图。

命令：rotate

UCS 当前的正角方向：ANGDIR=逆时针　ANGBASE=0

选择对象：（选择要旋转的对象）

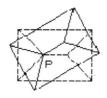 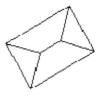

（a）选取对象　　（b）指定基点和旋转角　　（c）旋转结果

图 4-5　旋转对象

选择对象：（按回车键或空格键结束选择）

指定基点：（指定图 4-5（b）所示的旋转基点 P）

指定旋转角度，或[复制(C)/参照(R)]<0>：（输入旋转角度 30）

注意：旋转角有正负之分，逆时针为正值，顺时针为负值。

选项说明如下：

● 复制(C)：选择该选项，在旋转对象的同时，保留原对象。

● 参照(R)：当用户不能直接确定对象应旋转多少角度，但是知道旋转后的绝对角度时，可以采用参照旋转的方式。下面以图 4-6 为例说明使用参照进行旋转的方法，操作如下。

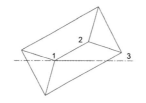 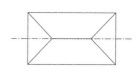

（a）指定旋转对象、基点和角度　　　　　（b）旋转结果

图 4-6　用参照方式旋转对象

命令：rotate

UCS 当前的正角方向：ANGDIR=逆时针　　ANGBASE=0

选择对象：（选择要旋转的对象）

选择对象：（按回车键或空格键结束选择）

指定基点：（指定图 4-6 所示的旋转基点 1）

指定旋转角度，或[复制(C)/参照(R)]<0>：（键入 R 按回车键或空格键）

指定参照角<0>：（捕捉到点 1）

指定第二点：（捕捉到点 2，点 1 和 2 形成直线的方向角就是参照角）

指定新角度或[点(P)]<0>：（捕捉到点 3 或键入 0 后按回车键或空格键，点 1 和 3 形成直线的方向角就是新角度，完成对象旋转）

4.4　利用已有对象创建新对象

在绘图过程中，对于那些在图形中重复出现、形状相同、位置不同、或对称或有序排列

的对象，可以在图形中利用已有对象创建新对象。创建新对象的命令有：复制、镜像、阵列和偏移等。

4.4.1 复制对象

用户可在当前图形内一次复制或多重复制对象。使用复制命令，要选择需要复制的对象，再指定一个基点，然后根据相对基点的位置放置复制的对象。

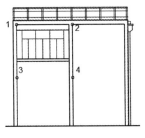

1. 激活“复制”命令的方式

- 命令行：copy 或 co。
- 下拉菜单：“修改” ⇨ “复制”。
- 功能区“默认”选项卡⇨“修改”面板：。

2.“复制”命令执行过程

如图 4-7 所示，由已完成的窗户，利用复制命令生成图 4-7（b）中所示的另外三个窗户。具体过程为：

（a）选择对象、指定基点　　（b）复制结果

图 4-7　复制对象

命令：copy
选择对象：（选择复制的对象）
选择对象：（按回车键或空格键结束选择）
指定基点或[位移(D)]<位移>：（捕捉到角点 1）
指定第二个点或 <使用第一个点作为位移>：（捕捉到点 2）
指定第二个点或[退出(E)/放弃(U)]<退出>：（捕捉到点 3）
指定第二个点或[退出(E)/放弃(U)]<退出>：（捕捉到点 4）
指定第二个点或[退出(E)/放弃(U)]<退出>：（按回车键或空格键结束命令）

3. 利用剪贴板复制对象

当用户要使用另一个 AutoCAD 创建的对象时，可以将选择的对象复制到剪贴板，然后将它们从剪贴板粘贴到图形中。

操作方法如下：

（1）在 AutoCAD 图形文件中选择要复制的对象。

（2）从"编辑"菜单中选择"复制"菜单项，或按 Ctrl+C 组合键，则将选中的对象复制到了剪贴板中。

（3）再打开另一个 AutoCAD 图形文件，并从"编辑"菜单中选择"粘贴"菜单项，或者按 Ctrl+V 组合键。此时，在剪贴板中的对象就会被粘贴到本图形中。

4.4.2 镜像对象

在工程制图中，经常会遇到一些对称的图形，此时用户可以只绘制一半，然后采用镜像命令生成对称的另一半。镜像线可以用指定两点来确定，镜像操作时可以删除或者保留源对象。

1. 激活"镜像"命令的方式

- 命令行：mirror 或 mi。
- 下拉菜单："修改" ⇨ "镜像"。
- 功能区"默认"选项卡⇨"修改"面板：▲▲。

2. "镜像"命令执行过程

如图 4-8 所示，利用镜像命令生成图 4-8（b）所示的图形。具体过程如下：

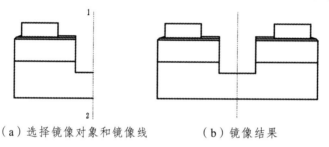

（a）选择镜像对象和镜像线　　　　（b）镜像结果

图 4-8　镜像对象

命令：mirror
选择对象：（选择要镜像的对象）
选择对象：（按回车键或空格键结束选择）
指定镜像线的第一点：（指定镜像线的第一点 1）
指定镜像线的第二点：（指定镜像线的第二点 2）
要删除源对象吗？[是(Y)/否(N)]<N>:（不删除源对象，按回车键或空格键接受默认选项）

当镜像文字时，为防止文字在镜像时被反转或倒置，可将系统变量 MIRRTEXT 设置为 0，文字不做镜像处理；系统变量 MIRRTEXT 缺省值为 1，文字和其他的对象一样被镜像。镜像文字的效果如图 4-9 所示。

MIRRTEXT=1　　　　MIRRTEXT=0

图 4-9　镜像文字的效果

MIRRTEXT 只对 TEXT、DTEXT、MTEXT 命令产生的文本、属性定义以及变量属性有效。插入块内的文本和常量属性会被当作整个块镜像，此时，MIRRTEXT 设置为 0，将不起作用，镜像效果与 MIRRTEXT 的设置为 1 时相同。

4.4.3 阵列对象

在工程制图中，要绘制按规律分布的相同图形，用户可以使用阵列命令复制对象。阵列分为三类：矩形阵列、路径阵列和环形阵列。

1. 矩形阵列

矩形阵列是按照行列方阵的方式进行复制的，用户需要确定阵列的行数、列数以及行间距、列间距。

（1）激活"矩形阵列"命令的方式

- 命令行：arrayrect。
- 下拉菜单："修改" ⇨ "阵列" ⇨ "矩形阵列"。
- 功能区"默认"选项卡⇨"修改"面板：选择阵列下拉列表中的 ▦ 图标。

（2）创建矩形阵列的步骤

单击功能区"修改"面板中的 ▦ 图标，命令行提示：

命令：arrayrect

选择对象：（选择图 4-10（a）中已画好的窗户）

选择对象：（按回车键或空格键结束选择，绘图界面及功能区面板显示如图 4-11 所示）

在"阵列创建"选项卡中，将列数 4 改为 5，将列间距（图 4-11 中的"▦介于"）75 改为 80，将行间距（图 4-11 中的"▦介于"）120 改为 130。关闭"阵列创建"选项卡，完成修改，阵列结果如图 4-10（b）所示。

注意：当输入列间距为负值时，列从右向左阵列；当输入行间距为负值时，行从上向下阵列。

（a）阵列前

（b）阵列后

图 4-10　矩形阵列

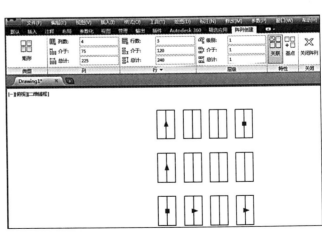

图 4-11　矩形阵列过程

2. 路径阵列

路径阵列是沿着一条路径均匀地分布对象副本的一种阵列。

（1）激活"路径阵列"命令的方式：

- 命令行：arraypath。
- 下拉菜单："修改" ⇨ "阵列" ⇨ "路径阵列"。
- 功能区"默认"选项卡⇨"修改"面板：选择阵列下拉列表中的图标 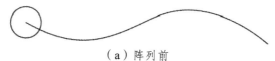。

（2）创建路径阵列的步骤。

执行路径阵列命令后，命令行提示如下：

命令：arraypath

选择对象：（选择图 4-12（a）中已画好的圆）

选择对象：（按回车键或空格键结束选择）

类型 ＝ 路径　关联 ＝ 是

选择路径曲线：选择图 4-12（a）中的曲线，绘图界面及功能区面板显示为图 4-12（b）所示，在"阵列创建"选项卡中，将阵列对象间距（图 4-12 中的" 介于"）94.86 改为 150。关闭"阵列创建"选项卡，完成修改，阵列结果如图 4-13 所示。

（a）阵列前

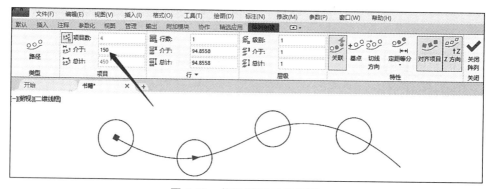

（b）阵列后

图 4-12　路径阵列结果

（图 4-13 续图）

图 4-13　修改阵列对象间距

3. 环形阵列

环形阵列是将所选对象按圆周等距复制，用户需要确定阵列的圆心和个数以及阵列图形所对应的圆心角。

（1）激活"环形阵列"命令的方式。

● 命令行：arraypolar。

● 下拉菜单："修改" ⇨ "阵列" ⇨ "环形阵列"。

● 功能区"默认"选项卡⇨"修改"面板：选择阵列下拉列表中的 ▦ 图标。

（2）创建环形阵列的步骤。

执行环形阵列命令后，命令行提示如下：

命令：arraypolar

选择对象：（选择图 4-14（a）中的正六边形）

选择对象：（按回车键或空格键结束选择）

类型 = 极轴　关联 = 是

指定阵列的中心点或[基点(B)/旋转轴(A)]：（拾取图 4-14（a）所示的大圆中心点后，绘图界面及功能区面板显示如图 4-14（b）所示）

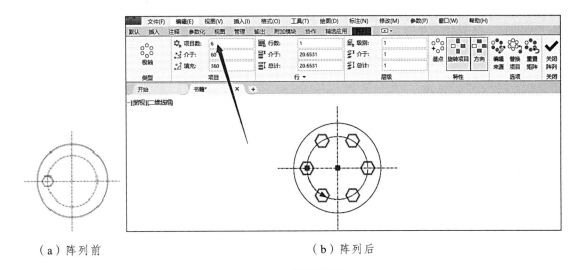

（a）阵列前　　　　　　　　　　（b）阵列后

图 4-14　环形阵列

在"阵列创建"选项卡中，将项目数 6 改为 8。关闭"阵列创建"选项卡，完成修改，阵列结果如图 4-15 所示。

注意："填充"若输入正角度，则按逆时针排列元素；反之，则按顺时针排列元素。

在功能区出现"阵列创建"选项卡时，命令行提示为：

选择夹点以编辑阵列或[关联(AS)/基点(B)/项目(I)/项目间角度(A)/填充角度(F)/行(ROW)/层(L)/旋转项目(ROT)/退出(X)]<退出>：

修改完成后，可按回车键或空格键确定，完成修改，其效果与直接关闭"阵列创建"选项卡相同。

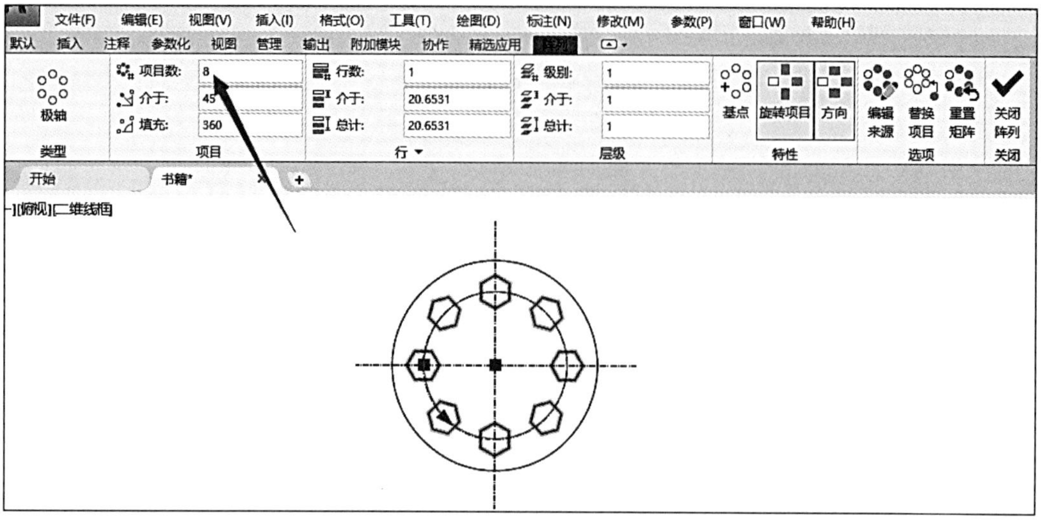

图 4-15　修改环形阵列项目数

4.4.4　偏移对象

偏移对象是按照指定的距离创建与选定对象平行或同心的几何对象。用户可以偏移直线、圆、圆弧和二维多段线等。

1. 激活“偏移”命令的方式

- 命令行：offset 或 o。
- 下拉菜单：“修改” ⇨ “偏移”。
- 功能区“默认”选项卡⇨“修改”面板：图标。

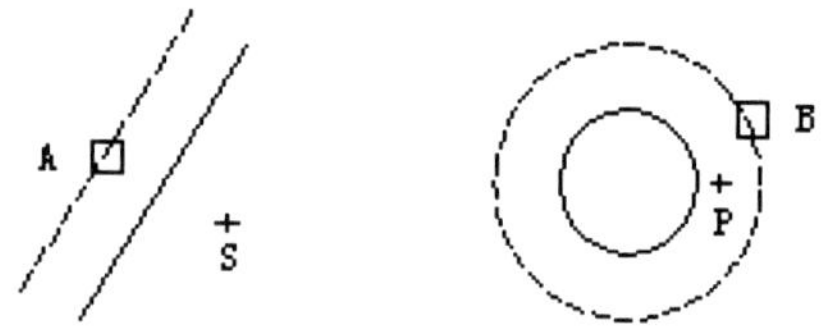

（a）定距作平行线　　（b）定距作同心圆

图 4-16　偏移对象

2. “偏移”命令执行过程

如图 4-16 所示偏移直线和圆，执行偏移命令后命令行提示及相关操作如下：

命令：offset

当前设置：删除源=否　图层=源　OFFSETGAPTYPE=0

指定偏移距离或[通过(T)/删除(E)/图层(L)]<通过>：（输入偏移的距离 10）

选择要偏移的对象，或[退出(E)/放弃(U)]<退出>：（选择要偏移的直线 A）

指定要偏移的那一侧上的点，或[退出(E)/多个(M)/放弃(U)]<退出>：（指定偏移到直线 A 右侧的任意一点 S）

选择要偏移的对象，或[退出(E)/放弃(U)]<退出>：（选择要偏移的圆 B）

指定要偏移的那一侧上的点，或[退出(E)/多个(M)/放弃(U)]<退出>：（指定偏移到圆 B 内侧的任意一点 P）

选择要偏移的对象，或[退出(E)/放弃(U)]<退出>：（若要偏移另一对象，则继续选择另一个要偏移的对象，否则按回车键或空格键结束命令）

注意：执行偏移命令时，出现"指定偏移距离或[通过(T)/删除(E)/图层(L)]<通过>:"的提示，选项中"通过(T)"是指当选择此选项后，产生的新的偏移对象将通过拾取点；选项中"删除(E)"是指偏移后，是否删除源偏移对象；选项中"图层(L)"是指偏移后，产生的新的偏移对象位于当前层还是与源对象在同一图层。

4.5 调整对象尺寸

在绘图过程中，可以对已有对象调整其尺寸大小，此类命令有：缩放、拉伸、延伸和修剪。

4.5.1 缩放对象

缩放命令只能在图形长、宽方向以相同比例缩放对象，可以将选中对象以指定点为基点进行比例缩放对象。比例缩放可以分为两类：比例因子缩放和参照缩放。

1. 激活"缩放"命令的方式

● 命令行：scale 或 sc。
● 下拉菜单："修改" ⇨ "缩放"。
● 功能区"默认"选项卡⇨"修改"面板：图标■。

2. "缩放"对象命令执行过程

（1）比例缩放。

缩放如图 4-17 所示的窗户，执行缩放命令后命令行提示及相关操作如下：

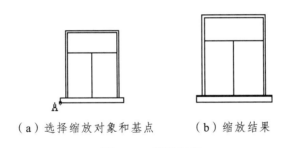

（a）选择缩放对象和基点　　　（b）缩放结果

图 4-17 缩放对象

命令：scale
选择对象：（选择需缩放的整个窗户）
选择对象：（按回车键或空格键结束选择）
指定基点：（指定图形左下角点 A，该点缩放时不动）
指定比例因子或[复制(C)/参照(R)]<1.0000>:（键入比例 1.2，按回车键或空格键结束命令。若先选择选项 C，再键入比例因子，则源对象保留）
（2）参照缩放。
在用户不能直接确定缩放比例值，但知道缩放后对象的尺寸时，可以利用参照缩放。缩放后的对象尺寸与原尺寸之比就是缩放比例因子。下面说明其用法，执行缩放命令后命令行提示、操作如下：

命令：scale

选择对象：（选择缩放的对象）

选择对象：（按回车键或空格键结束选择）

指定基点：（捕捉某点作为缩放的基点）

指定比例因子或[复制(C)/参照(R)]<1.0000>：（输入"R"后按回车键或空格键执行参照缩放）

指定参照长度<1.0000>：（捕捉某直线段的两个端点，该两点之间的长度就是参照长度）

指定新长度或[点(P)]<1.0000>：（输入该直线段缩放后的新长度，按回车键或空格键完成操作）

4.5.2 拉伸对象

拉伸对象必须使用交叉窗口或交叉多边形窗口选择对象。根据与窗口相对位置的不同，图形对象将会发生不同的变化：全部位于窗口之内的对象会发生移动，与窗口边界相交的对象会被拉长或拉短，其他未选择的对象不会受影响。

1. 激活"拉伸"命令的方式

- 命令行：stretch 或 s。
- 下列菜单："修改" ⇨ "拉伸"。
- 功能区"默认"选项卡⇨"修改"面板：图标 。

2."拉伸"命令的执行过程

如图 4-18 所示，利用拉伸命令修改图 4-18（a）平面图形中间凹槽的深度。

命令：stretch

以交叉窗口或交叉多边形选择要拉伸的对象

选择对象：（用交叉窗口选择要拉伸的对象，将长度需改变的对象与窗口边界相交，如图4-18（a）所示与淡绿色框相交的两条竖线；不需要改变长度、只改变位置的对象完全位于窗口内，如图 4-18（a）中淡绿色框内的水平线）

选择对象：（按回车键或空格键结束选择）

指定基点或[位移(D)]<位移>：（在屏幕上任意指定一点）

指定第二个点或 <使用第一个点作为位移>：（打开极轴，将光标竖直向下移动以保证捕捉到竖直极轴线，然后输入 5，按回车键或空格键结束命令）

执行结果如图 4-18（b）所示，中间凹槽的深度增加了 5 个单位长。

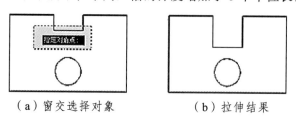

（a）窗交选择对象　　　　　（b）拉伸结果

图 4-18 拉伸对象

4.5.3 拉长对象

拉长对象是指修改直线的长度和圆弧的圆心角。

1. 激活"拉长"命令的方式

- 命令行：lengthen 或 len。
- 下拉菜单："修改" ⇨ "拉长"。
- 功能区"默认"选项卡 ⇨ "修改"面板：图标 .

2. 拉长命令的执行过程

利用拉长命令修改直线的长度，命令行提示与操作如下：

命令：lengthen

选择对象或[增量(DE)/百分数(P)/全部(T)/动态(DY)]：（选择某直线对象）

当前长度：80.0000（默认情况下，系统会自动显示出当前选中对象的长度或圆心角等信息）

选择对象或[增量(DE)/百分数(P)/全部(T)/动态(DY)]：（输入增量选项"DE"按回车键或空格键）

输入长度增量或[角度(A)]<20.0000>：（输入长度增量"30"按回车键或空格键）

选择要修改的对象或[放弃(U)]：（用拾取框单击对象的修改端）

选择要修改的对象或[放弃(U)]：（此提示一直重复，直到按回车键或空格键键结束命令）

3. 各选项的功能说明

（1）增量(DE)选项：以增量方式修改直线或圆弧的长度。长度增量为正值时拉长，长度增量为负值时缩短。其中角度(A)选项是通过指定圆弧的圆心角增量来修改圆弧的长度。

（2）百分数(P)选项：以相对于原长度的百分比来修改直线或圆弧的长度。

（3）全部(T)选项：以给定直线新的总长度或圆弧新的圆心角来改变长度。

（4）动态(DY)选项：允许动态地改变圆弧或直线的长度。

4.5.4 延伸对象

延伸是以用户指定的对象为边界，延伸某对象与之精确相交。

1. 激活"延伸"命令的方式

- 命令行：extend 或 ex。
- 下拉菜单："修改" ⇨ "延伸"。
- 功能区"默认"选项卡 ⇨ "修改"面板：图标 .

2. "延伸"命令的执行过程

如图 4-19 所示，利用延伸命令将图 4-19（a）中的两条直线延伸到与圆弧相交，命令行提示与操作如下：

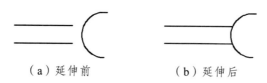

（a）延伸前　　　　（b）延伸后

图 4-19　延伸对象

命令：extend。

当前设置：投影=UCS，边=无

选择边界的边…

选择对象或 <全部选择>：（选择延伸对象的边界，如图 4-19（a）中的圆弧。若直接按回车键或空格键，则选中全部对象作为延伸边界）

选择对象：（按回车键或空格键结束边界选择）

选择要延伸的对象，或按住 Shift 键选择要修剪的对象，或[栏选(F)/窗交(C)/投影(P)/边(E)/放弃(U)]：（分别选择两延伸直线的右端）

选择要延伸的对象，或按住 Shift 键选择要修剪的对象，或[栏选(F)/窗交(C)/投影(P)/边(E)/放弃(U)]：（按回车键或空格键结束延伸命令）

注意：（1）在出现"选择要延伸的对象，或按住 Shift 键选择要修剪的对象，或[栏选(F)/窗交(C)/投影(P)/边(E)/放弃(U)]："的提示时，用户可以直接选择延伸对象或按住 Shift 键切换到修剪方式或设置选项。

（2）选项中的"边(E)"包括"延伸"和"不延伸"。选择"延伸"是指边界可延伸，此时如选中图 4-20（a）中的直线 AB 为延伸边界，选中被延伸的直线 CD 和 EF 可延伸至边界 AB 的延长线上，结果见图 4-20（b）。反之，"不延伸"是指被延伸的对象不能延伸至边界的延长线上，即延长后若与边界不相交，则不能延伸。

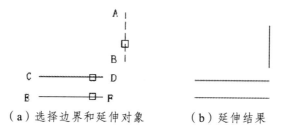

（a）选择边界和延伸对象　　　（b）延伸结果

图 4-20　延伸边界的延伸

4.5.5　修剪对象

修剪是以用户指定的对象为剪切边，保留线段剪切边的一侧，去掉线段剪切边的另一侧。其用法与延伸命令类似。

1. 激活"修剪"命令的方式

● 命令行：trim 或 tr。

● 下拉菜单："修改" ⇨ "修剪"。

● 功能区"默认"选项卡 ⇨ "修改"面板：图标 ╤ 。

2."修剪"命令的执行过程

如图 4-21 所示，利用修剪命令修改图 4-21（a）中的平面图形，命令行提示及操作如下：

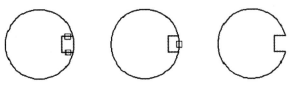

（a）选择修剪边界　（b）选择修剪对象　（c）修剪结果

图 4-21　修剪对象

命令：trim

当前设置：投影=UCS，边=无

选择剪切边…

选择对象或 ＜全部选择＞:（选择修剪对象的边界，如图 4-21（a）中的两条直线）

选择对象:（按回车键或空格键结束边界选择）

选择要修剪的对象，或按住 Shift 键选择要延伸的对象，或[栏选(F)/窗交(C)/投影(P)/边(E)/删除(R)]:（选择想要修剪掉对象的部分，如图 4-21（b）中的两条直线间的圆弧线）

选择要修剪的对象，或按住 Shift 键选择要延伸的对象，或[栏选(F)/窗交(C)/投影(P)/边(E)/删除(R)/放弃(U)]:（按回车键或空格键结束修剪命令）

注意：（1）在出现"选择要修剪的对象，或按住 Shift 键选择要延伸的对象，或[栏选(F)/窗交(C)/投影(P)/边(E)/删除(R)]:"的提示时，用户可以直接选择修剪对象或按住 Shift 键切换到延伸方式或设置选项。

（2）选项中的"边(E)"包括"延伸"和"不延伸"。选择"延伸"是指边界可延伸，此时如选中图 4-22（a）中的直线作为修剪边界，选中图 4-22（b）中的被修剪的两条直线，即可修剪掉边界的延长线的上侧两直线段，结果见图 4-22（c）。反之，"不延伸"是指被修剪的对象不能修剪掉边界延长线一侧的对象。

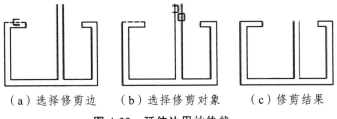

（a）选择修剪边　（b）选择修剪对象　（c）修剪结果

图 4-22　延伸边界的修剪

4.6　打断、分解与合并对象

4.6.1　打断对象

用户可以用打断命令去掉对象中的一段。可以进行打断操作的对象包括直线、圆、圆弧、多段线、椭圆、样条曲线等。

1. 激活"打断"命令的方式

- 命令行：break 或 br。
- 下拉菜单："修改" ⇨ "打断"。
- 功能区"默认"选项卡⇨"修改"面板：图标 。

2. "打断"命令的执行过程

如图 4-23 所示，利用打断命令去掉直线中的一段。

（a）选择对象指定打断点　　　　　（b）打断结果

图 4-23　打断对象

命令：break

选择对象：（选择打断对象，缺省条件下，选择对象的点 1 即为第一个断点）

指定第二个打断点或[第一点(F)]：（指定点 2 为第二个断点。若在选择对象时的点不为第一个断点，则可输入"F"选项，重新指定第一个断点）

打断对象的效果如图 4-23（b）所示。

说明：（1）若第一个打断点与第二个打断点重合，则对象从该点一分为二，该命令的执行结果等同于修改工具栏中的"打断于点"命令。

（2）在封闭的对象上进行打断时，按逆时针方向从用户指定的第一点到用户指定的第二点为去掉的一段。

（3）用打断命令还可以做修剪、缩短功能，指定第一个打断点后，第二个打断点指定在该对象端点以外，即可把该物体第一断点一侧删除。

4.6.2　打断于点

打断于点是指用户在对象上指定一点，从而把对象在此点拆分成两段。此命令与打断命令用法类似。

1. 激活"打断于点"命令的方式

功能区"默认"选项卡⇨"修改"面板：图标 。

2. "打断于点"命令的执行过程

如图 4-24 所示，利用此命令将图 4-24（a）所示直线打断于中点处，命令行提示与操作如下：

（a）打断于中点处　　　　　　　　（b）打断结果

图 4-24　打断于点

命令：break

选择对象：（选择要打断的直线对象）

指定第二个打断点 或[第一点(F)]：f（系统自动执行"第一点(F)"选项）

指定第一个打断点：（捕捉到打断点直线的中点）

指定第二个打断点：@（系统自动忽略此提示并结束命令，于是该直线从中点处分成两段，如图 4-24（b）所示）

注意：不能在一点打断闭合的对象，例如圆等。

4.6.3　分解对象

分解命令就是把一个复杂的图形对象（例如，多段线、矩形和正多边形）或用户定义的图块分解成最为简单的图形对象。

1. 激活"分解"命令的方式

- 命令行：explode 或 x。
- 下拉菜单："修改" ⇨ "分解"。
- 功能区："默认"选项卡⇨"修改"面板：图标 。

2. "分解"命令的执行过程

命令：explode

选择对象：（选择要分解的对象）

选择对象：（系统将继续提示该行信息，可继续选择下一分解对象，按回车键或空格键结束命令）

3. 说明

选择分解的对象不同，分解的结果也不同。下面列出了几种对象的分解结果。

（1）块。

对块的分解操作，如果块中含有多段线或嵌套块，首先把多段线或嵌套块从该块中分解出来，然后再把它们分解成单个对象。若分解带有属性的块，所有属性会恢复到未组合之前的状态，显示为属性标记。

（2）多段线。

当分解多段线时，AutoCAD 将清除关联的宽度信息，留下沿多段线的中心线的直线或圆弧。

（3）多行文本。

当分解多行文本时将分解成单行文本实体。

注意：使用分解命令时，请三思而后行，分解命令没有逆向操作，特别是图案填充、尺寸标注和三维实体要慎用。

4.6.4　合并对象

合并对象是指将同类多个对象合并成为一个对象，即将位于同一条直线上的多条直线合并为一条直线，或将同心、同径的多个圆弧合并为一个圆弧或整圆，或将一条多段线和与其相连的多条直线、多段线、圆弧合并为一个对象，或将一条样条曲线和与其相连的多条样条曲线合并为一个对象。

1. 激活"合并"命令的方式

- 命令行：join 或 j。
- 下拉菜单："修改"⇨"合并"。
- 功能区"默认"选项卡⇨"修改"面板：图标。

2."合并"命令的执行过程

如图 4-25 所示，将两个同心的圆弧合并为一个圆弧，命令行提示与操作如下：

命令：join

选择源对象或要一次合并的多个对象：（选择圆弧 A）

选择要合并的对象：（选择圆弧 B，并按回车键或空格键）

选择要合并的对象：（按回车键或空格键结束命令）

注意：根据选定的源对象，系统显示不同的提示。

图 4-25　合并对象

（a）合并前　　（b）合并后

（1）源对象为直线时，命令行提示为：

选择要合并到源的直线：（选择一条或多条直线按回车键或空格键）

此时，所选直线对象必须共线（位于同一无限长的直线上），它们之间可以有间隙。

（2）源对象为多段线时，命令行提示为：

选择要合并的对象：（选择一个或多个对象按回车键或空格键）

此时，所选对象可以是直线、多段线或圆弧，但对象之间不能有间隙，并且必须位于与 UCS 的 XY 平面平行的同一平面上。

（3）源对象为圆弧时，命令行提示为：

选择圆弧，以合并到源或进行[闭合(L)]：（选择一个或多个圆弧按回车键或空格键，或输入"L"响应）

此时，所选圆弧对象必须位于同一假想的圆上，但是它们之间可以有间隙；[闭合(L)]选项可将源圆弧转换成圆；合并两条或多条圆弧时，将从源对象开始按逆时针方向合并圆弧。

（4）源对象为椭圆弧时，命令行提示为：

选择椭圆弧，以合并到源或进行[闭合(L)]：

此时，所选椭圆弧必须位于同一椭圆上，但是它们之间可以有间隙；[闭合(L)]选项可将源椭圆弧闭合成完整的椭圆；合并两条或多条椭圆弧时，将从源对象开始按逆时针方向合并椭圆弧。

（5）源对象为样条曲线时，命令行提示为：

选择要合并到源的样条曲线：（选择一条或多条样条曲线按回车键或空格键）

此时，所选样条曲线对象必须位于同一平面内，并且必须首尾相邻（端点到端点放置）。

4.7 倒角和圆角

在设计过程中，往往需要对图形做一些细节上的处理，如机械行业制造工艺和装配工艺的要求等，需要作倒角和圆角。AutoCAD 通过指定参数并施加于对象从而绘制倒角和圆角。

4.7.1 倒角

倒角是使两不平行的直线作斜角相连。可以作倒角的对象有：直线、多段线、构造线和射线等。

1. 倒角距离

如图 4-26 所示，倒角距离 1 是第一个选中对象与倒角线的交点到被连接的两个对象的交点之间的距离。倒角距离 2 是第二个选中对象与倒角线的交点到被连接的两个对象的交点之间的距离。

2. 指定倒角长度和角度

倒角长度是指第一个选择对象上倒角线的起始位置到被连接的两个对象的交点之间的距离；角度是指倒角线与第一个选择对象所形成的角度，如图 4-27 所示。

图 4-26　倒角距离

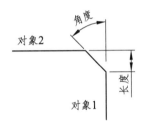

图 4-27　倒角长度和角度

3. 激活"倒角"命令的方式

- 命令行：chamfer 或 cha。
- 下拉菜单："修改" ⇨ "倒角"。
- 功能区"默认"选项卡 ⇨ "修改"面板：图标 。

4. "倒角"命令的执行过程

利用倒角命令将图 4-28（a）所示图形的左上角作倒角，命令行提示与操作如下：

命令：chamfer

（"修剪"模式）当前倒角距离　1 = 0.0000，距离　2 = 0.0000

选择第一条直线或[放弃(U)/多段线(P)/距离(D)/角度(A)/修剪(T)/方式(E)/多个(M)]：（键入 D 按回车键或空格键，设置倒角距离。若键入 A，按回车键或空格键，可设置倒角长度和角度）

指定第一个倒角距离 <0.0000>：（键入 5，按回车键或空格键，设置第一倒角距离）

指定第二个倒角距离 <5.0000>：（按回车键或空格键默认第一倒角距离）

选择第一条直线或[放弃(U)/多段线(P)/距离(D)/角度(A)/修剪(T)/方式(E)/多个(M)]：（选择要倒角的第一条直线 AB）。

选择第二条直线，或按住 Shift 键选择要应用角点的直线：（选择要倒角的第二条直线 BC，命令结束）

倒角的效果如图 4-28（b）所示。

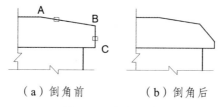

（a）倒角前　　　　　（b）倒角后

图 4-28　倒角对象

5. 选项说明

在命令行提示"选择第一条直线或[放弃(U)/多段线(P)/距离(D)/角度(A)/修剪(T)/方式(E)/多个(M)]："时，各选项说明如下：

多段线(P)选项：用于设定的倒角距离对整个多段线的各段一次性作倒角，如图 4-29 所示。

修剪(T)选项：用于在倒角过程中设置是否自动修剪原对象，缺省条件下，对象在倒角时被修剪，如图 4-29 所示；但也可以通过此选项来指定它们不被修剪，如图 4-30 所示。

方式(E)选项：用于设定按距离方式还是按角度方式作倒角。

多个(M)选项：用于在一次倒角命令执行中作出多个倒角，而不退出倒角命令。

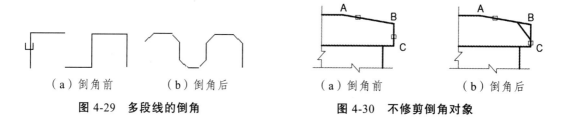

（a）倒角前　　　（b）倒角后　　　　　　　（a）倒角前　　　　　（b）倒角后

图 4-29　多段线的倒角　　　　　　　　**图 4-30　不修剪倒角对象**

4.7.2　圆角

圆角是指通过用户指定半径的圆弧来光滑地连接两个对象；可以作圆角的对象有直线、圆、圆弧、椭圆、多段线的直线段、样条曲线、构造线和射线；并且当直线、构造线、和射线平行时，也可作圆角，此时连接圆弧成半圆。

圆角半径是连接两个对象的圆弧的半径。在缺省情况下，圆角半径为 0 或上一次用户指定的半径，修改半径只对以后圆角有效而对先前的圆角无效。

1. 激活"圆角"命令的方式

● 命令行：fillet 或 f。

- 下拉菜单："修改" ⇨ "圆角"。
- 功能区"默认"选项卡⇨"修改"面板：图标 。

2."圆角"命令的执行过程

利用圆角命令将图 4-31（a）所示图形的左上角作圆角，命令提示行与操作如下：

命令：fillet

当前设置：模式 = 修剪，半径 = 0.0000

选择第一个对象或[放弃(U)/多段线(P)/半径(R)/修剪(T)/多个(M)]：（输入 r 以指定圆角半径）

指定圆角半径 <0.0000>：（键入 5，按回车键或空格键）

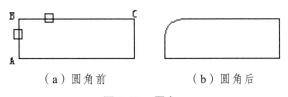

（a）圆角前   （b）圆角后

图 4-31   **圆角**

选择第一个对象或[放弃(U)/多段线(P)/半径(R)/修剪(T)/多个(M)]：（选择要作圆角的第一条直线 AB）

选择第二个对象，或按住 Shift 键选择要应用角点的对象：（选择要作圆角的第二条直线 BC，命令结束）

圆角的效果如图 4-31（b）所示。

3. 选项说明

在命令行提示"选择第一个对象或[放弃(U)/多段线(P)/半径(R)/修剪(T)/多个(M)]："时，各选项说明如下。

多段线(P)：用于按设定的圆角半径对整个多段线的各段一次性作圆角，如图 4-32 所示。

修剪(T)：用于在圆角过程中设置是否自动修剪原对象，缺省条件下，除了圆、椭圆、闭合多段线和样条曲线，所有对象在圆角时都可以被修剪。可以用此选项来指定对象在作圆角时不被修剪，如图 4-33 所示。

多个(M)：用于在一次圆角命令执行中作出多个圆角，而不退出圆角命令。

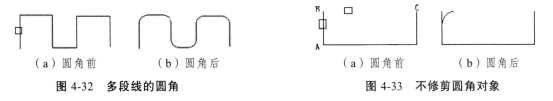

（a）圆角前   （b）圆角后   （a）圆角前   （b）圆角后

图 4-32   **多段线的圆角**   **图** 4-33   **不修剪圆角对象**

4. 对两平行直线作圆角

对两平行的直线（射线和构造线）也能作圆角，但两平行的多段线不能作圆角。两平行直线圆角的半径由系统自动计算，用户不用指定。例如要画一圆端图形，可以首先利用直线命令画两平行直线，然后执行圆角命令，分别选择两平行线的左端作圆角，再分别选择两平行线的右端作圆角，如图 4-34 所示。

（a）选择平行线的左端进行左圆角　　　（b）两次圆角的结果

图 4-34　平行直线的圆角

4.8　编辑多段线、多线和样条曲线

4.8.1　编辑多段线

用户在编辑多段线时可以使其闭合或者打开，可以移动、增加和删除多段线的顶点，也可以在两个顶点之间拉直多段线，还可以为整个多段线设置统一的宽度或控制每个线段的宽度，以及由多段线创建样条曲线。

1. 激活"编辑多段线"的方式

- 命令行：pedit 或 pe。
- 下拉菜单："修改" ⇨ "对象" ⇨ "多段线"。
- 功能区"默认"选项卡⇨"修改"面板：图标 。

2."编辑多段线"命令的执行过程

命令：pedit

选择多段线或[多条(M)]：（选择要编辑的一条多段线）

输入选项

[闭合(C)/合并(J)/宽度(W)/编辑顶点(E)/拟合(F)/样条曲线(S)/非曲线化(D)/线型生成(L)/放弃(U)]：（输入相应选项的符号进行修改）

……

[闭合(C)/合并(J)/宽度(W)/编辑顶点(E)/拟合(F)/样条曲线(S)/非曲线化(D)/线型生成(L)/放弃(U)]：（按回车键或空格键结束编辑）

"编辑多段线"命令各选项说明如下。

- 闭合(C)或打开(O)：用于创建闭合或打开的多段线。如果选择的多段线是闭合的，则此选项为"打开"。

- 合并(J)：用于当一条直线、圆弧或多段线和一条开放的多段线首尾相接时，把它们连接在一起构成非闭合的多段线。

- 宽度(W)：用于为选定的多段线指定新的单一宽度。

- 编辑顶点(E)：可使用户在选定的顶点处执行移动、拉直、插入和打断等操作。

- 拟合(F)：使用圆弧来拟合选定的多段线，该曲线通过多段线各顶点，效果如图 4-35 所示。

● 样条曲线(S)选项：用于将选定的多段线拟合为样条曲线,该曲线不通过多段线各顶点,效果如图 4-36 所示。

（a）拟合前　　　（b）拟合后　　　　　　　（a）拟合前　　　（b）拟合后
图 4-35　拟合多段线　　　　　　　　　　图 4-36　样条拟合多段线

● 非曲线化(D)：用于将选定的多段线中的圆弧由直线代替；也可以删除由拟合或样条曲线插入的其他顶点,并拉直所有多段线线段。

● 线型生成(L)：若多段线为非连续线型,此选项用于控制选定的多段线顶点非连续线段的交接。

3. 操作示例

编辑如图 4-37（a）所示多段线顶点,操作步骤如下：

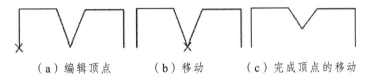

（a）编辑顶点　　　（b）移动　　　（c）完成顶点的移动
图 4-37　编辑多段线的顶点

（1）激活编辑多段线命令。

（2）选择多段线。

（3）在提示"[闭合(C)/合并(J)/宽度(W)/编辑顶点(E)/拟合(F)/样条曲线(S)/非曲线化(D)/线型生成(L)/放弃(U)]："时输入"E"并按回车键或空格键,此时多段线第一个顶点处出现一个点标记"×"。

（4）在提示"[下一个(N)/上一个(P)/打断(B)/插入(I)/移动(M)/重生成(R)/拉直(S)/切向(T)/宽度(W)/退出(X)]："时,按空格键将点标记移到如图 4-37（b）所示的中间顶点后,再输入"M"并按回车键或空格键。

（5）向中间顶点的正上方移动鼠标并单击,完成顶点的移动,如图 4-37（c）所示。

4.8.2　编辑多线

用户可以控制多线之间相交时的方式,增加或删除多线的顶点以及控制多线的打断接合。

1. 激活编辑多线命令的方式

● 命令行：mledit。

● 下拉菜单："修改" ⇨ "对象" ⇨ "多线…"。

激活该命令后,AutoCAD 弹出如图 4-38 所示的"多线编辑工具"对话框,单击该对话框中各工具按钮就可编辑多线。各功能按钮功能介绍如下。

图 4-38 "多线编辑工具"对话框

（1）形成两条多线的十字形交点，有三种结果：

[十字闭合]：系统提示用户选择第一条和第二条多线，第二条多线不变，第一条多线在交点处被切断，该交点为第一条多线与第二条多线的外层元素相交的交点。

[十字打开]：系统提示用户选择第一条和第二条多线，第一条多线的所有元素在交点处全部断开，第二条多线只有外层元素被断开。

[十字合并]：系统提示用户选择第一条和第二条多线，两条多线的外层元素断开，内层元素不受影响。

（2）形成两条多线的 T 字形交点，有三种结果：

[T 形闭合]：系统提示用户选择第一条和第二条多线，系统修剪第一条多线，在交点处剪去距捕捉点较远的一段，第二条多线不变。

[T 形打开]：系统提示用户选择第一条和第二条多线，系统修剪第一条多线，在交点处剪去距捕捉点较远的一段，并断开第二条多线相应一侧的外层元素。

[T 形合并]：系统提示用户选择第一条和第二条多线，系统修剪第一条多线，在交点处剪去距捕捉点较远的一段多线的外层元素，并且断开第二条多线相应一侧的外层元素，两条多线的次外层元素重复以上过程，直至最内层元素。

（3）编辑多线的顶点，有三种结果：

[角点结合]：系统提示用户选择第一条和第二条多线，两条多线形成角形交线。

[添加顶点]：系统提示用户选择一条多线，并在捕捉处为多线增加一个顶点。

[删除顶点]：系统提示用户选择一条多线，并删除该多线距离捕捉点最近的顶点，直接连接该顶点两侧的顶点。

（4）对多线中的元素进行修剪或延伸，有三种结果：

[单个剪切]：系统提示用户选择一条多线，并以捕捉点为第一点，提示用户输入第二点，剪切一个元素两点间的部分。

[全部剪切]：系统提示用户选择一条多线，并以捕捉点为第一点，提示用户输入第二点，剪切多线两点间的部分。

[全部接合]：系统提示用户选择一条多线，并以捕捉点为第一点，提示用户输入第二点，重新连接多线两点间被剪切的部分。

2. 操作示例

编辑图 4-39（a）所示墙体的 T 形连接处，操作步骤如下：

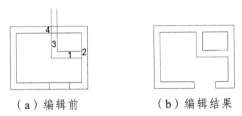

（a）编辑前　　　　　　（b）编辑结果

图 4-39　多线编辑墙体连接处

（1）激活编辑多线命令。

（2）在"多线编辑工具"对话框中单击"T 形打开"图标，这时，AutoCAD 切换到图形界面，并在命令行提示：

选择第一条多线：（点击墙 1）

选择第二条多线：（点击墙 2）

选择第一条多线或[放弃(U)]:（点击墙 3）

选择第二条多线：（点击墙 4）

选择第一条多线或[放弃(U)]:（按回车键或空格键结束命令）

编辑结果如图 4-39（b）所示。

如果在前墙开门洞，则可以使用修剪命令将墙体断开，修剪结果如图 4-39（b）所示。

注意：多线对象不能用"打断"编辑命令进行打断。

4.8.3　编辑样条曲线

用户可以删除样条曲线的拟合点，也可以增加其拟合点以提高其精度，或者移动拟合点以改变样条曲线的形状。用户还可以闭合或打开样条曲线，可以编辑样条曲线的起始点和终点的切线方向等。

1. 激活"编辑样条曲线"命令的方式

● 命令行：splinedit。

● 下拉菜单："修改" ⇨ "对象" ⇨ "样条曲线"。

● 功能区"默认"选项卡 ⇨ "修改"面板：图标 ✍ 。

2."编辑样条曲线"命令的执行过程

例如将某样条曲线闭合，命令行提示与操作如下：

选择样条曲线：（选择要编辑的样条曲线）

输入选项[闭合(C)/合并(J)/拟合数据(F)/编辑顶点(E)/转换为多段线(P)/反转(R)/放弃(U)/退出(X)]<退出>:（输入选项"C"按回车键或空格键）

输入选项[打开(O)/拟合数据(F)/编辑顶点(E)/转换为多段线(P)/反转(R)/放弃(U)/退出(X)]<退出>：（按回车键或空格键结束命令）

"编辑样条曲线"命令部分选项说明如下。

● 闭合(C)或打开(O)：将选定的样条曲线闭合。如果选择的样条曲线是闭合的，则此选项为打开。

● 合并(J)：将选定的样条曲线与其他样条曲线、直线、多段线和圆弧在重合端点处合并，以形成一个较大的样条曲线。对象在连接点处使用扭折连接在一起（C0 连续性）。

● 拟合数据(F)：用于编辑选中样条曲线的拟合数据。选择此选项后，命令行提示：

输入拟合数据选项

[添加(A)/打开(O)/删除(D)/扭折(K)/移动(M)/清理(P)/相切(T)/公差(L)/退出(X)]<退出>：用户可以使用这些选项进行添加、删除、打开和移动拟合点等操作。

● 反转(R)：此选项可使样条曲线反转，反转样条曲线并不删除拟合数据。

● 扭折(K)：在样条曲线上的指定位置添加节点和拟合点，这不会保持在该点的相切或曲率连续性。

● 移动(M)：选择此选项后，用户可以重新定位样条曲线的控制点。命令行提示：

指定新位置或[下一个(N)/上一个(P)/选择点(S)/退出(X)]<下一个>：

缺省的控制点为第一点，用户可以通过选择"下一个"或"上一个"来选择其他控制点。

3. 编辑样条曲线操作示例

如图 4-40（a）所示，用户已经用样条曲线命令画了一系列等高线，希望移动 A 等高线的第三个拟合点，当用户选中了这条样条曲线时，就会在拟合点处出现控制点。

移动 A 等高线的第三个拟合点的步骤如下：

命令：SPLINEDIT

选择样条曲线：（选择要编辑的样条曲线 A）

（a）选取拟合点　　　　（b）移动结果

图 4-40　移动样条曲线的拟合点

输入选项[闭合(C)/合并(J)/拟合数据(F)/编辑顶点(E)/转换为多段线(P)/反转(R)/放弃(U)/退出(X)]<退出>：（输入"F"按回车键或空格键）

输入拟合数据选项[添加(A)/闭合(C)/删除(D)/扭折(K)/移动(M)/清理(P)/切线(T)/公差(L)/退出(X)]<退出>：（输入"M"按回车键或空格键）

指定新位置或[下一个(N)/上一个(P)/选择点(S)/退出(X)]<下一个>：（重复按回车键或空格键，直到第三个拟合点呈高亮显示，再用鼠标拾取拟合点的新位置）

指定新位置或[下一个(N)/上一个(P)/选择点(S)/退出(X)]<下一个>：（若要退出编辑，输入"X"，并按回车键或空格键三次以结束命令）

4.9　对象特性编辑与特性匹配

对象特性是指图形对象所具有的某些反映其特征的属性。有些特性属于基本特性，适用于多数对象，例如，图层、颜色、线型、线宽和打印样式；有些特性则是专用于某一类对象，例如，圆的特性包括半径和面积，直线的特性则包括长度和角度。

对于已有对象，要想改变其特性，AutoCAD 提供了方便的修改方法，通常可以使用"特性"面板、"特性匹配"工具来进行修改。

4.9.1 使用"特性"面板

用户可以在如图 4-41 所示的"特性"面板中查看和修改对象的特性。

在 AutoCAD 2020 中，打开对象"特性"面板的方法有：

- 命令行：properties。
- 下拉菜单："修改" ⇨ "特性"。
- 功能区"视图"选项卡 ⇨ "选项板"面板：图标■。

当用户选择了一个对象时，对象特性面板中将显示该对象的所有特性，如图 4-42（b）所示为所选圆的特性。

在对象特性面板中，可以方便地进行对象特性的修改。例如，在选择了图 4-42 所示的一个圆后，在特性管理器中用鼠标单击"直径"文本框，输入"100"回车，即可将圆的直径由 50 改为 100，随之特性面板中圆的半径、周长和面积系统会自动计算而改变。

图 4-41　特性面板

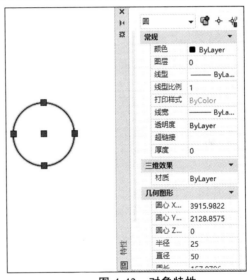

图 4-42　对象特性

对于能以下拉列表修改的对象特性，如果在该特性框上单击鼠标，则可以在不同的特性值之间进行切换。例如要修改圆所在的图层，先选中圆，再在特性面板中单击图层特性框，如图 4-43 所示，在出现的下拉列表中，将鼠标移动至相应的图层上单击，即可改变圆所在的图层。

4.9.2 对象特性匹配

用户可以通过特性匹配命令将一个对象的部分或全部特性复制

图 4-43　改变对象图层

到另一个或多个对象上。可以复制对象特性的有：图层、颜色、线型、线宽、线型比例、厚度和打印样式等。使用特性匹配可以使图形具有规范性，而且操作简便，类似于 Word 等软件中的格式刷。

1. 激活"特性匹配"命令的方式

- 命令行：Machprop 或 ma。
- 下拉菜单："修改"⇨"特性匹配"。
- 功能区"默认"选项卡⇨"剪贴板"面板：图标■。

2. 将一个对象特性复制到其他对象

操作步骤如下：

（1）激活特性匹配命令。

（2）选择提供特性的源对象。命令行提示：

选择目标对象或[设置(S)]:

（3）选择要应用特性的目标对象，则源对象的特性被复制到目标对象中。可以继续选择目标对象，直到按回车键或空格键结束命令。

默认情况下，所有可应用的特性都自动地从选定的源对象复制到其他对象上，如果用户不希望复制源对象的某些特性，则可以在提示"选择目标对象或[设置(S)]:"时，键入"S"以选择"设置"选项，此时将弹出"特性设置"对话框，如图 4-44 所示。用户可以在其中设置想要匹配的特性，清除不想复制的特性。

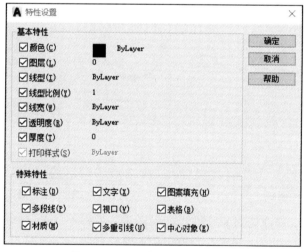

图 4-44　"特性设置"对话框

4.10　夹点编辑

在未启动任何命令时选取对象，对象上有蓝色小方框高亮显示，这些位于对象关键点的小方框即为夹点。通过夹点可以将命令和对象选择结合起来，提高编辑速度。拖动夹点可以

100

直接而快速地执行拉伸、移动、旋转、缩放或镜像等操作。夹点的位置视所选对象的类型而定。直线的夹点为端点与中点；圆的夹点为四分点与圆心；弧的夹点为端点、中点与圆心。夹持点有热夹持点（HotGrips）与冷夹持点（ColdGrips）两种状态。所谓热夹持点是指被激活用来操作的点，选中的对象会显示对象所有夹点，再次点击其中某一个夹点，该夹点会高亮度显示，即为热夹持点。冷夹持点为未被激活而待用来操作的点。

4.10.1 夹点的设置

夹点的功能可在"选项"对话框中的"选择集"选项卡内进行设置，如图 4-45 所示。打开该对话框的方法有：
- 下拉菜单："工具" ⇨ "选项"命令。
- 应用程序菜单："选项"命令。
- 鼠标右击：在命令窗口中单击鼠标右键，或者（在未运行任何命令、也未选择任何对象的情况下）在绘图区域中单击鼠标右键，然后选择"选项"。

打开"选项"对话框后，在"选择"选项卡的"夹点"和"夹点大小"选项组内进行有关夹点功能的设置。"夹点"选项组用来设置夹点的显示方式，选择其中的[显示夹点]复选框，表明当用户选择对象时，会出现夹点，否则不出现夹点。"夹点大小"选项组可用来设置夹点大小，可通过拖动调节杆上的滑块来设置夹点的大小。

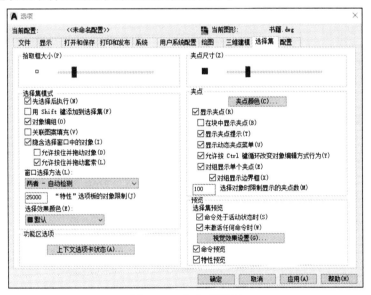

图 4-45　夹点对话框

4.10.2 用夹点编辑对象

当被选择的实体处于热夹持点时，用户可以进行拉伸、移动、旋转、缩放、镜像等操作。系统提示：
　　** 拉伸 **

指定拉伸点或[基点(B)/复制(C)/放弃(U)/退出(X)]：

直接按回车键或空格键，可依次显示上述五项功能，也可以直接输入上述命令的前两个字母进行操作，如 ST（拉伸）、MO（移动）、RO（旋转）、SC（缩放）、MI（镜像）。也可以单击鼠标右键，在右键菜单中选取所需要的控制命令。

下面以利用夹点移动多个对象为例，详述利用夹点编辑对象的具体操作过程。

先选中多个对象，如图 4-46（a）中的矩形与圆，再选中该多个对象的任意夹点作为基夹点，如选中矩形左下角的夹点，此时命令行提示：

** 拉伸 **

指定拉伸点或[基点(B)/复制(C)/放弃(U)/退出(X)]：

这时用户按回车键或空格键，命令行提示：

** 移动 **

指定移动点或[基点(B)/复制(C)/放弃(U)/退出(X)]：

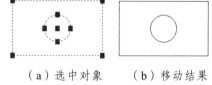

（a）选中对象　　（b）移动结果

图 4-46　移动多个对象

用户移动光标至目标点（见图 4-46（b））并按下鼠标左键，即可完成该矩形和圆对象的整体移动。

4.11　绘制与编辑二维图形综合举例

第 2 章介绍了使用绘图命令绘制简单图形的方法，第 3 章介绍了基本绘图工具的使用方法，本章又介绍了编辑二维图形的基本方法和技巧。为了使学习者综合运用绘图与编辑命令以及绘图辅助工具绘制复杂图形，本节将给出两个绘图实例，以使学习者熟悉复杂图形的绘制方法与步骤。

4.11.1　绘制平面图形

如图 4-47（a）所示，按照所给尺寸绘制出该图形。分析该图形后发现，图形的外轮廓线段与线段的连接为相切连接，且是一个左右对称的图形，因此，可以先绘制左半部分，再镜像到右面，最后加以修饰，即可完成整个图形的绘制。

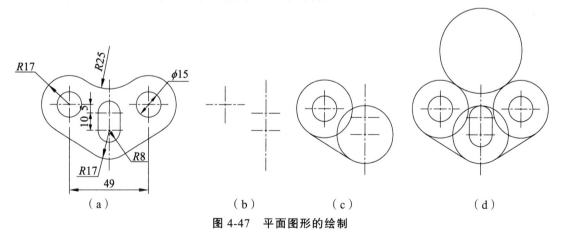

（a）　　　　　　　（b）　　　　　　　（c）　　　　　　　（d）

图 4-47　平面图形的绘制

绘图的基本方法与步骤如下：

（1）新建图形文件。

（2）单击"图层"工具栏的"图层特性管理器"按钮，在弹出的"图层特性管理器"对话框中，新建"粗实线"层和"中心线"层。

（3）将"中心线"层置为当前层，首先绘制圆端形的一竖直和一水平中心线，然后利用"极轴"和"对象追踪"绘制其余中心线，如图 4-47（b）所示。

（4）将"粗实线"层置为当前层，依次绘制圆端形的左竖直线、φ15 的圆、R17 的两个圆，并绘出切于此两圆的切线，如图 4-47（c）所示。

（5）使用"镜像"命令将所绘部分对象以图形中心线为镜像线进行镜像，再使用画"圆"命令绘制 R25 的公切圆（也可以使用"圆角"命令直接绘制 R25 的圆弧），使用"圆角"命令绘制圆端形 R8 的上下半圆，如图 4-47（d）所示。

（6）使用"修剪"命令剪去多余图线，并加以修饰完成全图的绘制。

4.11.2 绘制三视图

如图 4-48 所示，按照所给尺寸绘制出该三视图。

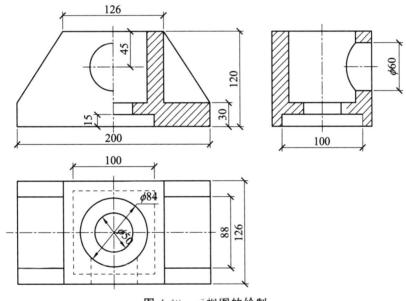

图 4-48　三视图的绘制

绘制三视图的基本方法与步骤如下：

（1）新建图形文件。

（2）单击"图层"工具栏的"图层特性管理器"按钮，在弹出的"图层管理器"对话框中，新建"粗实线"层 、"中心线"层和"虚线"层。

（3）绘制平面图。

① 将"中心线"层置为当前层，绘制中心线。

② 将 USC 原点设置在中心线的交点处，以此作为绘图的基准点。

③ 分别使用矩形、圆、直线、偏移和镜像等命令，在相应图层上绘制矩形、圆和直线。

（4）绘制正立面图。

使用"极轴"和"对象追踪"（以保证"长对正"）工具和画直线、圆、填充等命令，在相应图层上绘制相应的对象。

（5）绘制左视图。

首先在平面图的正右方适当位置画一条 45°线，并将有关定宽点水平引至 45°线上。再使用"极轴"和"对象追踪"（以保证"高平齐"和"宽相等"）工具和画直线、圆弧、填充等命令，在相应图层上绘制相应的对象。

4.12　上机实验

实验 1　绘制如图 4-49 所示的平面图形

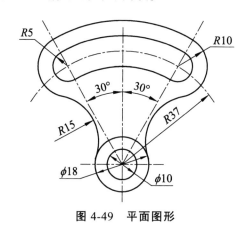

图 4-49　平面图形

1. 目的要求

本实验设计的图形除了要用到基本的绘图命令外，还要用到"偏移""圆角"和"修剪"等编辑命令。通过本实验，要求灵活掌握绘图的基本技巧，巧妙应用一些编辑命令和辅助绘图工具来快速准确地完成该图形的绘制。

2. 操作提示

（1）新建图形文件。

（2）新建"粗实线"层和"中心线"层。

（3）绘制中心线。

（4）先绘制 $\phi10$、$\phi18$ 和左侧的 R5 和 R10 的圆，再绘制与圆 $\phi10$ 左象限点相切的竖线（适当长），以竖直中心线为镜像线镜像圆 R5、R10 和左竖线，后用圆弧命令绘制与两 R5 的圆外切的圆弧，用偏移命令分别对该圆弧进行以距离 10 和 15 的偏移。

（5）对竖线和 $\phi10$ 的圆作 R15 的圆角（左右各一次）。

（6）对图形进行修剪编辑以完成全图。

实验 2　绘制如图 4-50 所示的两面投影图

1. 目的要求

在绘制本实验设计的两面投影图的过程中，除了要用到基本的绘图命令外，还要用到"图案填充"命令和"镜像""修剪"等编辑命令。通过本实验，进一步熟悉常见绘图与编辑命令的使用技巧，特别是"对象追踪"和"极轴"工具的使用技巧。

2. 操作提示

（1）新建图形文件。

（2）新建"粗实线"层、"中心线"层和"虚线"层。

（3）利用"极轴" 和"对象追踪"工具，使用矩形、圆、直线、镜像、修剪等绘图与编辑命令绘制水平投影图。

（4）利用"极轴"和"对象追踪"工具，使用直线、镜像和图案填充等命令绘制正面投影图。

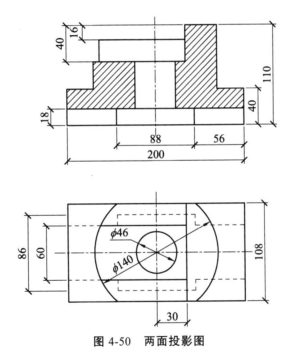

图 4-50　两面投影图

第 5 章　文字与表格

AutoCAD 提供了非常方便的文字和表格功能。

AutoCAD 的文字是一种图形实体，标注文字的方法有两种：单行文字和多行文字。标注的文字可以选择不同的文字样式以满足使用要求。用户还可以对已经标注的文字进行相应的修改。

AutoCAD 从 2008 版以后提供了类似于在 Word 的表格工具，用户可以在 AutoCAD 环境中创建表格。创建完成的表格还可以很方便地进行修改操作。

本章将介绍以下内容：定义文字样式，标注单行文字、多行文字及特殊字符，文字编辑；创建表格样式，插入表格，编辑表格。

5.1　AutoCAD 中可以使用的字体

与一般的 Windows 应用程序不同，在 AutoCAD 中可以使用两种类型的文字，分别是 AutoCAD 专用的形字体(SHX)和 Windows 自带的 TureType 字体。

5.1.1　形字体(SHX)

形字体的特点是字形简单，占用计算机资源少。形字体文件的后缀是"SHX"。AutoCAD 中提供的形字体有两种：一种是常规形字体，一种是大字体。常规形字体主要用于西文字体。大字体是为了支持亚洲某些国家的非 ASCII 字符而设置的特殊类型的形字体。其中符合我国制图标准的字体主要有：两种西文字体，字体名分别是"gbenor.shx"和"gbeitc.shx"，前者是直体，后者是斜体；一种简体中文字体的大字体，字体名是"gbcbig.shx"，这种字体与我国的长仿宋体类似，如图 5-1 所示。

1234567890abcdefABCDEF
1234567890abcdefABCDEF
中文长仿宋体工程字

图 5-1　中西文工程形字体

5.1.2　TureType 字体

在 Windows 操作环境下，几乎所有的 Windows 应用程序都可以直接使用由 Windows 操作系统提供的 TureType 字体，包括宋体、黑体、楷体、仿宋体等，AutoCAD 也不例外。TureType 字体的特点是字形美观，但是占用计算机资源较多，对于计算机的硬件配置比较低的用户不宜使用。TureType 字体的字形如图 5-2 所示。

中文宋体字123456abcdABCD

中文仿宋体123456abcdABCD

图 5-2　TureType **字体**

5.2　定义文字样式

AutoCAD 图形文件中的所有文字都有与之相关联的文字样式。文字样式是文字设置的集合，包括字体文件、字体大小、宽度比例、倾斜角度、方向、书写效果等内容。AutoCAD 有系统默认的文字样式（Standard）。当用户在 AutoCAD 中输入文字时，系统会自动将输入的文字与当前的文字样式关联。如果要使用其他文字样式时，可定义新的文字样式，并且将所要使用的文字样式设置为当前样式。用户可以通过文字样式来改变字体及其他文字特征。

在 AutoCAD 2020 "二维草图与注释" 工作空间下，激活文字样式命令的方法有 4 种：

（1）下拉菜单："格式" ⇨ "文字样式"。

（2）功能区："默认" 选项卡 ⇨ "注释" 面板 ⇨ "文字样式" 按钮。

（3）功能区："注释" 选项卡 ⇨ "文字" 面板 ⇨ "文字样式" 按钮。

（4）命令行：Style（或 St）。

5.2.1　"文字样式" 对话框

激活文字样式命令后，弹出如图 5-3 所示的 "文字样式" 对话框。该对话框主要包括以下内容："样式" 列表框、样式列表过滤器、"预览" 框、"字体" 选项区、"大小" 选项区、"效果" 选项区。下面对各部分内容分述如下。

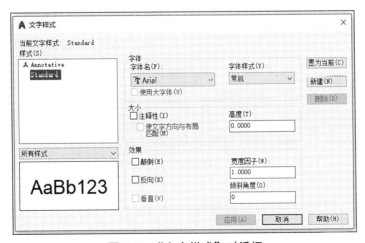

图 5-3　"文字样式" 对话框

1. "样式"列表框

"样式"列表框列出当前图形文件中存在的文字样式。用户可以在该列表框内选中一种文字样式，然后单击"文字样式"对话框右侧的"置为当前"、"删除"等按钮将选中的文字样式置为当前状态或删除；也可以选中一种文字样式，单击鼠标右键，然后在弹出的快捷菜单中选择"置为当前"、"重命名"或"删除"完成相应的操作，如图 5-4 所示。

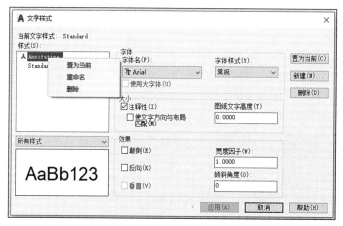

图 5-4　在"样式"列表框上右击操作

一张新图默认的文字样式名为"Standard"和"Annotative"。这两种样式默认设置的字体都为" Arial.shx"。如果想要使用其他字体，可以创建新的文字样式来设置字体特征，这样可以在同一个图形文件中使用多种字体。

"Standard"样式不能被删除，正在使用的样式和当前文字样式也不能删除。

2. 样式列表过滤器

样式列表过滤器位于列表框和预览框之间，单击右侧的向下箭头，可在下拉列表中选择"所有样式"或者"正在使用的样式"，在"样式"列表中可显示相应的文字样式。如果当前图形文件中所有样式均被使用，则无论选择"所有样式"还是"正在使用的样式"，在"样式"列表中显示效果都一样。

3. 预览框

预览框用来显示所选定的文字样式的样例文字效果。

4. "新建"按钮

图 5-5　"新建文字样式"对话框

单击"新建"按钮，弹出"新建文字样式"对话框，如图 5-5 所示。新建的样式名默认为"样式 1"，用户可以改变样式名，建议把样式名改为容易辨认的名称。

5. "字体"选项区

（1）"字体名"下拉列表框。

在该列表框内列有可供选用的字体文件。字体文件包括所有注册的 TrueType 字体和 AutoCAD 安装路径 Fonts 文件夹下 AutoCAD 已编译的所有形字体(SHX)，如图 5-6 所示。

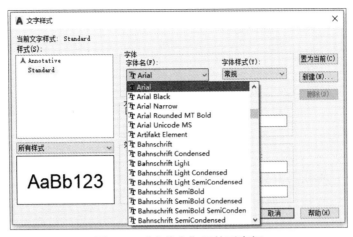

图 5-6 "字体名"下拉列表框

其中字体名前带有 **Ŧ** 者为 TrueType 字体，带有 **■** 者为形字体(SHX)。

TrueType 字体可用于西文、数字或中文。形字体(SHX)主要用于西文及数字，其中的"gbenor.shx"和"gbeitc.shx"是符合国标要求的工程字体，前者是直体，后者是斜体。形字体要想用于中文，需设置大字体。

字体名前带有"@"者，为竖式字体，当文字竖向书写时可选用这种字体。

（2）"使用大字体"复选框。

指定用于亚洲语言的大字体文件。此复选框用于创建包含大字体的文字样式。TrueType字体不能使用大字体，只有选择形字体(SHX)时，才能使用该复选框。也只有选中该复选框，才能使用大字体。这时可从"字体样式"下拉列表中选择所要使用的大字体文件，工程图中工程字使用的简体中文大字体名为"gbcbig.shx"。

当"使用大字体"复选框选中时，"字体名"变为"SHX 字体"，下拉列表中将只有 SHX字体，没有 TrueType 字体。

6. "大小"选项区

该选项主要用来更改文字样式中文字的高度。

（1）"注释性"复选框。

已定义的文字样式可以设置"注释性"。选中某一文字样式，"注释性"复选框处于选中状态时，则该文字样式为注释性文字样式，"样式"列表框内该文字样式前面会添加一个 **▲** 符号，并且"使文字方向与布局匹配"复选框处于可选状态，"高度"变为"图纸文字高度"，如图 5-7 所示。当文字样式设置为"注释性"时，在布局空间改变视口的绘图比例时，该文字的大小不会随着绘图比例的改变而改变。没有设置"注释性"的文字大小会随着绘图比例的改变而改变。

（2）"高度"编辑框。

此编辑框用于设置文字的高度，它的默认值为 0。

注：若在此编辑框内设置文字的高度不为 0 时，在进行单行文字标注和尺寸标注的操作过程中，系统将以此高度进行标注而不再要求输入字体的高度，这会对文字和尺寸的标注带来不便，所以一般情况下最好不要改变它的默认值"0"。

图 5-7 "注释性"复选框处于选中状态

7. "效果"选项区

该区用来设置字体的有关特殊效果，包括：

"颠倒"复选框：书写的文字上下颠倒。

"反向"复选框：书写的文字左右颠倒。

"垂直"复选框：按垂直对齐书写文字。

"倾斜角度"编辑框：该框用于指定文字的倾斜角。

"宽度因子"编辑框：该框用于指定文字宽度和高度的比值。例如图样上工程字要写长仿宋体，如果使用 TrueType 字体里的仿宋体，其高宽比为 1，要想写出宽高比为 0.7 的长仿宋体，其宽度因子设置为 0.7 即可。但对于大字体"gbcbig.shx"，其字形高宽比本身就是 0.7，所以其宽度因子保持默认值"1"就可以了。

对文字的各种设置效果样例见图 5-8。

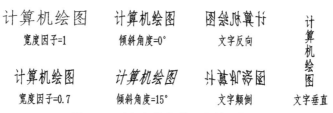

图 5-8 对文字的各种设置效果样例

注："垂直"复选框显示垂直对齐的字符。只有在选定字体支持双向时"垂直"才可用，TrueType 字体不可使用"垂直"选项。

在"倾斜角度"编辑框内设置文字的倾斜角，允许的输入值范围是 $-85° \sim 85°$ 之间的一个值。

5.2.2 定义长仿宋文字样式

国家制图标准规定，工程图样中的汉字应采用长仿宋字体。定义长仿宋文字样式的操作步骤如下：

（1）选择下拉菜单："格式" ⇨ "文字样式"，弹出"文字样式"对话框。

（2）在"文字样式"对话框中，单击"新建"按钮，弹出"新建文字样式"对话框，在"样式名"文本框中输入"长仿宋"，并单击"确定"按钮。

（3）确保不要选中"使用大字体"复选框，然后在字体名下拉列表框中选择"T 仿宋"字体文件。

（4）在"宽度因子"编辑框内输入 0.7。

（5）单击"应用"按钮，完成文字样式的设置，单击"关闭"按钮退出"文字样式"对话框，完成"长仿宋"文字样式定义。

文字样式定义结束后，便可以进行文字书写了。图 5-9 所示为该样式的范例。

计算机绘图

图 5-9　**长仿宋文字样式范例**

5.2.3　定义形字体文字样式

工程图样上所写文字应符合国家有关制图标准的规定。国家制图标准规定了汉字、数字、字母的书写样式。在 AutoCAD 形字体中也有相应的字体，其文件名分别为：西文字体"gbenor.shx"，中文字体采用大字体"gbcbig.shx"。操作方法如下：

（1）选择下拉菜单："格式" ⇨ "文字样式"，弹出"文字样式"对话框。

（2）单击"新建"按钮，弹出"新建文字样式"对话框，在"样式名"文本框中，将默认的样式名"样式 1"改为"工程字"，并单击"确定"按钮。

（3）在"字体"选项区的"SHX 字体"下拉列表中选择"gbenor.shx"，确保勾选"使用大字体"复选框，然后在"大字体"下拉列表中选择"gbcbig.shx"。

（4）"宽度因子"设置为默认值 1。

（5）单击"应用"按钮，完成"工程字"文字样式定义。此时对话框如图 5-10 所示。再单击"关闭"按钮，关闭对话框回到图形窗口。

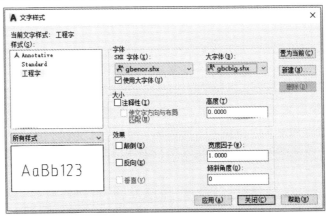

图 5-10　**定义工程图样上的文字样式**

注：此样式能够同时满足国家制图标准对工程图样上书写数字、字母和汉字的要求。但对技术要求中出现的其他特殊符号的字符标注，还需特殊的标注方法。这些将在 5.3.3　中介绍。

5.3　文字输入

AutoCAD 提供了两种输入文字的工具，分别是单行文字（Dtext）和多行文字（Mtext），对简短的可以使用单行文字，对于较长的文字或带有格式的文字则使用多行文字比较合适。

单行文字与多行文字的使用区别在于：单行文字命令是在绘图区的指定位置标注文字。这些单行文字每行是一个独立的对象，可分别对它们进行编辑操作。多行文字命令是在绘图区的指定区域标注段落性（包含多个文本行）文字。使用多行文字命令标注的多行文字是一个对象。对这个对象可作整体的编辑、修改操作。为此，把使用单行文字命令（Dtext）标注的文字称为单行文字，把使用多行文字命令（Mtext）标注的文字称为多行文字，下面分别对单行文字、多行文字命令的使用和操作进行介绍。

5.3.1　单行文字输入

1. 激活命令方式

激活标注单行文字命令的方式如下：

- 下拉菜单："绘图" ⇨ "文字" ⇨ "单行文字"。
- 功能区："默认"选项卡 ⇨ "注释"面板 ⇨ "单行文字"面板 Ａ。
- 功能区："注释"选项卡 ⇨ "文字"面板 ⇨ "单行文字"面板 Ａ。
- 命令行：Dtext（或 text、dt）↙

2. 命令选项

Dtext 命令被激活后，命令行中显示如下提示：

命令：DTTEXT

当前文字样式："Standard"文字高度：2.5000　注释性：否　对正：左

指定文字的起点或[对正(J)样式(S)]

各选项的含义如下。

（1）指定文字的起点：要求指定文字行中第一个字符的起点（默认为左下角点）。若刚刚写完一行单行文字，直接按回车，则将文字起点定位于刚刚输入文字的下方。选择该选项后系统提示：

指定高度<当前高度值>：（要求指定文字的书写高度。可以键入高度数值，也可以通过在屏幕上指定两点的方式输入。若在"文字样式"对话框中指定了文字高度，则无此提示。）

指定文字的旋转角度 <0>：要求指定文字行的倾斜方向，注意，不是字体的倾斜角度。

输入文字：输入要书写的文字内容。

输入文字：若按回车键，结束一个文本行的文字输入。回车后可以继续输入下一行文字内容，则实现了换行操作。（也可以通过移动鼠标并单击，来改变文字的输入位置。）换行后不输入任何内容，再按回车键，结束单行文字输入命令。

（2）样式(S)：该选项用于指定要输入的文字样式。选择该选项后系统提示：

输入样式名或[?]<当前样式>：可以按回车接受<当前样式>，或直接输入文字的样式名，重新指定当前文字样式；还可以键入"？"响应提示，系统将打开文本窗口，列出已定义过的所有文字样式名及相关信息。

（3）对正(J)：该选项用于控制文字的对正方式。文字可以以指定一点的对正方式注写（共有 13 种样式供选择），也可以通过指定两点（文字行的起点和终点）的对正方式注写（有 2 种样式供选择）。AutoCAD 在提供这些对正样式时，为文字行定义了 4 条直线，这 4 条直线如图 5-11 所示，从上往下排列，依次称为：顶线（TopLine）、中线（MiddleLine）、基线（BaseLine）和底线（BottomLine）。各种对正样式就是以其中一条直线的左点、中点和右点为指定点来定义的。各种对正样式的代号名称及位置见图 5-11。

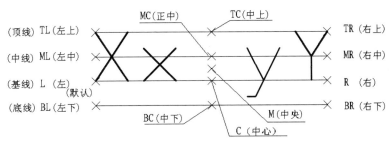

图 5-11　文字对正的样式

选择"对正(J)"选项后，命令行中显示各对正样式：

输入选项[左(L)/居中(C)/右(R)/对齐(A)/中间(M)/布满(F)/左上(TL)/中上(TC)/右上(TR)/左中(ML)/正中(MC)/右中(MR)/左下(BL)/中下(BC)/右下(BR)]：

可根据所注文字的位置特点，选择恰当的对正样式。默认的对正样式为左对正。图 5-12 列举了几种以不同对正样式注写的文字。

图 5-12　用几种不同的对正样式注写的文字

图 5-13 所示为以指定两点的对正方式[对齐(A)和布满(F)]注写的文字。

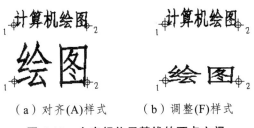

（a）对齐(A)样式　　　（b）调整(F)样式

图 5-13　文字行位于基线的两点之间

注：此时文字行根据指定的两点间的距离、字符数自动调整文字的高度或宽度。其中：

对齐(A)：通过指定文字行基线的起点和终点来确定文字的宽度和高度，如图 5-13（a）所示。该对正样式，使文字行位于指定基线的起点和终点之间，并且保持文字的宽度比例不变，文字的宽度和高度根据文字行中字符的多少自动调整。字符串越长，文字的宽度和高度越小。

布满(F)：通过指定文字行基线的起点和终点来确定文字的宽度，如图 5-13（b）所示。该对正样式，使文字行位于指定基线的起点和终点之间，文字高度保持不变，文字的宽度根据文字行中字符的多少自动调整。字符串越长，文字的宽度越窄。

注：这些对正样式在注写文字时是很有用的，在特殊区域或特定的环境下，需要采用特殊的文字对正样式。

例 5-1　以 5.2.3 节中定义的"工程字"字样、默认的左对正样式，书写图 5-14 所示标题栏中的"制图"、"审核"，文字高度为 5。

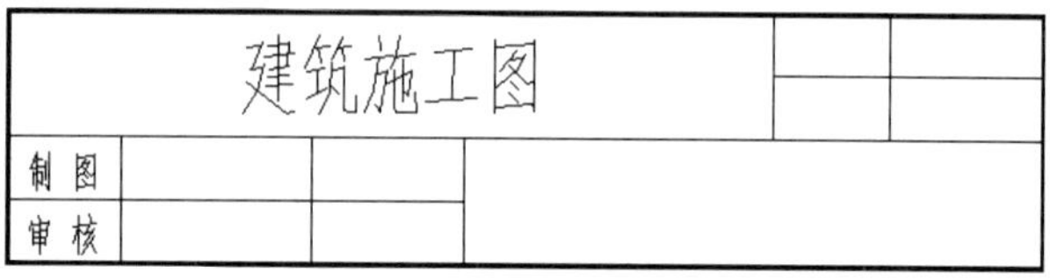

图 5-14　**文字书写举例**

操作步骤如下：

首先打开"文字样式"下拉列表框，将定义的"工程字"字样置为当前。

在命令行输入：DT✓（或下拉菜单："绘图" ⇨ "文字" ⇨ "单行文字"），则命令行显示如下：

命令：DT　TEXT

当前文字样式："工程字"　文字高度：2.5000　注释性：否　对正：左

指定文字的起点或[对正(J)/样式(S)]:(在要写字的表格内高度的四分之一且靠左边线适当位置处指定一点作为文字输入的左下角基点)

指定高度 <2.5000>：5 ✓

指定文字的旋转角度 <0>：✓

此时命令行为空白，光标在文字基点处闪烁，等待输入文字。在当前光标处输入下面文字内容：

制图　✓

审核　✓

✓（回车，光标换行）

✓（回车，结束操作）

注：一次按回车响应"输入文字："实现换行操作；两次按回车响应"输入文字："结束标注文字操作。

例 5-2　以中间对齐的方式，书写如图 5-14 所示的图名"建筑施工图"，文字高度为 10。

操作步骤如下：

在命令行输入：DT✓（或下拉菜单："绘图" ⇨ "文字" ⇨ "单行文字"），则命令行显示如下：

命令：DT　TEXT

当前文字样式："工程字"　　当前文字高度：5.000　注释性：否　　对正：左

指定文字的起点或[对正(J)/样式(S)]：j✓

j 输入选项[左(L)/居中(C)/右(R)/对齐(A)/中间(M)/布满(F)/左上(TL)/中上(TC)/右上(TR)/左中(ML)/正中(MC)/右中(MR)/左下(BL)/中下(BC)/右下(BR)]：M✓

指定文字的中心点：（拾取图名栏的中心点，可利用对角线获得）

指定高度 <5.0000>：10 ✓

指定文字的旋转角度 <0>：✓（回车取默认值）

建筑施工图✓

✓（回车换行）

✓（回车结束操作）

操作结果如图 5-14 所示。

注：采用哪种对正样式书写文字要根据具体情况而定。在如图 5-15（a）中标高符号的上方注写标高值 12.500 时，宜采用 BR（右下）对正样式书写；当在如图 5-15（b）所示的标高符号下方注写标高值 12.500 时，采用 TL（左上）对正样式比较方便。而在图 5-14 的表格中写字时，宜采用中间(M)对正。

（a）　　　　　　　　（b）

图 5-15　文字对正样式的选择

5.3.2　多行文字输入

对于较长的文字或带有格式的文字，可以使用多行文字工具输入。多行文字实际上是一个类似于 Word 软件的编辑器。它是由任意数目的文本行或段落组成的，布满指定的宽度，并且可以沿垂直方向向下无限延伸。多行文字的编辑选项比单行文字多，例如，可以对段落中的任意字符或短语进行下划线、字体、颜色和高度的修改，用户可以通过控制文字框来控制文字的行长和段落的位置。

1. 激活标注多行文字命令的方式

- 下拉菜单："绘图" ➯ "文字" ➯ "多行文字"。
- 功能区："默认"选项卡➯"注释"面板➯"单行文字"图标 **A**。
- 功能区："注释"选项卡➯"文字"面板➯"单行文字"图标 **A**。
- 命令行：Mtext（或 mt）✓。

使用多行文字命令注写文字，系统首先要求在绘图区指定注写文字的区域，即文字框。文字框是通过指定其两个对角顶点来确定的。定义文字框的操作如下：

激活多行文字命令后，在命令行中显示：

命令：MT　MTEXT

当前文字样式："Standard" 文字高度：2.5 注释性：否

指定第一角点：（此时，十字光标右下角出现"abc"字样，用鼠标在所要写字的区域指定一点作为文字框的第一角点，然后移动鼠标，系统显示出一个矩形框（称为文字框），以表示多行文字的位置和文字行的长度，矩形框内用一箭头指示出文字的段落方向，如图5-16所示。）

指定对角点或[高度(H)/对正(J)/行距(L)/旋转(R)/样式(S)/宽度(W)]：（在适当的位置指定另一点作为文字框的对角顶点）

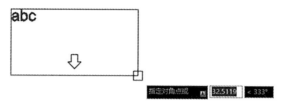

图 5-16 文字框

2. 输入文字

当给出文字框的对角顶点后，系统弹出"文字框"，同时选项卡切换到"文字编辑器"选项卡，如图5-17所示。文字框窗口上方有一标尺，可以通过拉动标尺右边的箭头来改变文字框的长度。现在可以在"文字编辑器"中设置文字的样式和显示效果，在文字框中输入所需的文字，完毕后单击"关闭文字编辑器"按钮即可。

图 5-17 文字框和文字编辑器

"文字编辑器"具有很强的编辑功能。下面介绍其中的各个选项如何使用。

（1）"样式"面板。

●样式列表模式："样式"面板中，左边的"样式列表框"显示已定义好的文字样式，一般显示两个文字样式，隐藏的文字样式可以通过点击列表框右侧的上下箭头来显示，或者点击箭头下面的 ▼ 按钮来显示全部已定义好的文字样式，选择已定义好的文字样式，将其应用到多行文字的全部文字上。注意：已定义好的文字样式无法应用于部分文字。

●"注释性"选项，注释性的含义同单行文字。当文字样式设置为"注释性"时，在布局空间改变视口的绘图比例时，该文字的大小不会随着绘图比例的改变而改变。没有设置"注释性"的文字，其大小会随着绘图比例的改变而改变。

●"字高"下拉列表：通过"字高"下拉列表可以选择文字的高度。"字高"下拉列表中只列出了已经设置过的文字高度，如果要将字高设置成下拉列表中没有的值，可以直接在列表框中输入并按回车键，选择的字高将应用于以后输入的文字。

●"遮罩"选项：用于设置文字遮罩。单击"遮罩"按钮，弹出背景遮罩对话框，如

图 5-18 所示。选择"使用背景遮罩",可遮挡与文字重叠且在文字下面的图形对象。遮罩范围可通过输入"边界偏移因子"确定遮罩边界;可以通过勾选"使用图形背景颜色"用背景色遮罩,也可以不勾选"使用图形背景颜色"复选框,单击右侧的颜色列表框,选择合适的背景颜色。

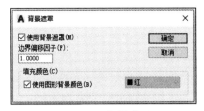

图 5-18　背景遮罩

（2）"格式"面板。

● "匹配"按钮,可将当前位置的文字效果用于其他位置的文字,类似于"特性"面板中的特性匹配功能。

● "匹配"按钮右侧的各个按钮,如:加粗按钮"B"、斜体按钮"I"、下划线按钮"U"、上划线按钮"Ō",堆叠按钮"b̲",上标按钮"X²",下标按钮"X₂",全部大写或全部小写按钮"Aa▾",等等,其作用与 Word 字处理软件中的相应按钮相同。

堆叠按钮"b̲":用于打开或关闭堆叠格式（堆叠是一种垂直对齐的文字或分数）。使用时,需要分别输入分子与分母,其间使用^、/或#分隔,然后选中这一部分,单击"b̲"按钮即可。例如,要创建 $\Phi100^{+0.02}_{-0.06}$,可先输入 $\Phi100+0.02\^-0.06$,然后选中"+0.02^-0.06"并单击"b̲"按钮。分隔符^、/ 或 # 的堆叠效果如表 5-1 所示。

表 5-1　堆叠效果

输入的内容	堆叠的效果
$\Phi100+0.02\^-0.06$	$\Phi100^{+0.02}_{-0.06}$
3/4	$\dfrac{3}{4}$
3#4	$^{3}/_{4}$

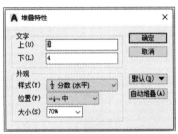

图 5-19　"堆叠特性"对话框

注:如果需要编辑堆叠文字,可选中堆叠文字,单击鼠标右键并从弹出的快捷菜单中选择"堆叠特性"菜单项即可打开堆叠特性对话框,如图 5-19 所示。在"堆叠特性"对话框中,可以编辑堆叠文字以及修改堆叠文字的类型、位置、大小等。

● "字体"下拉列表:通过"字体"下拉列表可以修改选中文字的字体。

● "颜色"下拉列表:用以修改文字的颜色。

●单击"清除" 清除 下拉列表（图 5-20）,选择相应的选项,可删除"字符"、"段落"或"所有"设置的格式。

●单击"格式"右侧的向下三角 格式 ,展开如图 5-21 所示的下拉列表,显示出"倾斜角度" 0/ 、"追踪" ab、"宽度因子" Ω 三个列表框,单击其右侧的上下箭头可以设置其数值的大小,也可以直接输入所需的数值。倾斜角度是指字体的倾斜角度,追踪是指文字的间距,宽度因子是指字体的宽高比。

图 5-20　"清楚"下拉列表

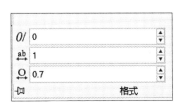

图 5-21　"格式"展开列表

117

（3）"段落"面板。

● 对正方式：单击"对正"按钮![A]，弹出对正下拉列表，可以选择合适的对正方式。也可以单击右侧的对正按钮，共有6个对正按钮![按钮]，用于设置对正方式。

● 项目符号和编号下拉列表按钮![项目符号和编号]：用于设置段落的编号或项目符号的形式。

● "行距"下拉列表按钮![行距·]：用于设置行间距。

● 段落格式，单击"段落"面板右下角的斜向下箭头，弹出"段落"对话框，如图5-22所示，可以设置段落的格式，比如左缩进、右缩进、段落对齐方式、段落间距、段落行距等，还可以设置制表位。

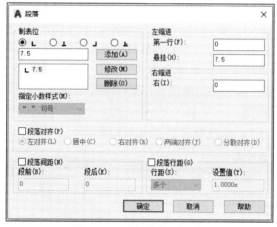

图 5-22　"段落"对话框

（4）"插入"面板。

● "列"![图标]下拉列表，可对段落进行分栏设置。

● "符号"![@]下拉列表对于一些不能直接从键盘输入的特殊工程符号，如φ、°、±、∠、≠、平方、立方等，可以从"符号"的下拉菜单中找到，单击所需的菜单项即可输入该符号，"符号"下拉菜单如图5-23所示。也可以通过在文字中输入控制代码来输入符号。控制代码位于"符号"下拉菜单项的右边。

（5）"拼写检查"面板。

单击"拼写检查"按钮，启动拼写检查，可检查拼写中的错误。单击"拼写检查"面板右下角的斜向下箭头，弹出"拼写检查设置"对话框，可设置拼写检查的内容和特定选项。

（6）"工具"面板。

单击"查找和替换"按钮，弹出"查找和替换"对话框，可对段落中要修改的内容进行查找和替换。

（7）"选项"面板。

● "标尺"按钮![图标]：可以打开或关闭标尺显示，用户可以像在Word软件中一样通过拖动标尺上的滑块来修改段落缩进。在标尺上单击鼠标右键，可以在弹出的快捷菜单中选择"段落…"命令来打开"段落"对话框，在此对话框中可以对缩进、制表位、段落对齐以及行间距做进一步设置。

度数	%%d
正/负	%%p
直径	%%c
几乎相等	\U+2248
角度	\U+2220
边界线	\U+E100
中心线	\U+2104
差值	\U+0394
电相角	\U+0278
流线	\U+E101
恒等于	\U+2261
初始长度	\U+E200
界碑线	\U+E102
不相等	\U+2260
欧姆	\U+2126
欧米加	\U+03A9
地界线	\U+214A
下标 2	\U+2082
平方	\U+00B2
立方	\U+00B3
不间断空格	Ctrl+Shift+Space
其他…	

图 5-23　"符号"菜单

● 放弃按钮 **A** 和重做 **A** 按钮，可以放弃错误的操作或对放弃的操作进行重做恢复。

"多行文字"有关设置完成后，就可以在"文字框"中输入所需要的文字，如图 5-24 所示。输入完毕单击"关闭文字编辑器"，或在空白处点击一下，即可完成文字输入。

图 5-24　输入的文字

除了从键盘向文本编辑区输入文字外，还可以直接将其他软件录入好的大段文字输入进来，AutoCAD 可以接受的文本格式有纯文本文件（文件后缀为"txt"）和 RTF 格式文本文件（文件后缀为"rtf"）。方法如下：

在文本编辑窗口中单击鼠标右键，弹出一个右键菜单，选择其中的"输入文字"菜单项（也可以单击"工具"面板中的展开按钮，选择"输入文字"菜单项），AutoCAD 会弹出"选择文件"对话框，确保文件类型下拉列表的选项与要打开的文件类型一致，然后找到所要打开的文件，单击"确定"按钮，完成文字的输入。

注：除了上述方法之外，使用 Windows 系统中的"复制+粘贴"操作，也可以将预先录入好的大段文字粘贴到多行文字编辑器中。

5.3.3　特殊字符输入

输入多行文字时，可以通过"文字格式"编辑器中的"符号"菜单输入特殊字符；而对于单行文字，则必须通过控制码来输入特殊字符。在键盘上直接输入这些控制码可以达到标注特殊字符的目的。AutoCAD 提供的常见控制码见表 5-2。

表 5-2　特殊字符的控制码

控制码	相应符号及功能
%%c	用于生成直径符号"ϕ"
%%d	用于生成角度符号"○"
%%p	用于生成正负符号"±"
%%%	用于生成百分符号"%"
%%O	打开或关闭文字上划线功能
%%U	打开或关闭文字下划线功能
\U+2220	用于生成角符号"∠"
\U+00B2	用于生成平方符号"^{2}"
\U+00B3	用于生成立方符号"^{3}"

例 5-3 利用单行文字命令标注图 5-25 所示字符与符号。

命令行提示及相应操作如下：

在命令行输入：DT✓，（或菜单："绘图"⇨"文字"⇨"单行文字"）

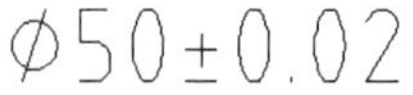

$\phi 50 \pm 0.02$

图 5-25 用控制码标注的特殊字符

则命令行显示如下：

命令：DTTEXT

当前文字样式："工程字"　文字高度：2.5000　注释性：否　对正：左

指定文字的起点或[对正(J)/样式(S)]：（在图形窗口指定一点）

指定高度 <2.5000>：5 ✓

指定文字的旋转角度 <0>：✓（水平书写）

输入文字：%%c50%%p0.02✓（控制码表示的字符与符号）

输入文字：✓（回车换行）

输入文字：✓（回车结束操作）

结果如图 5-25 所示。

5.4　文字编辑

文字输入的内容和样式不可能一次就达到用户要求，有时需要进行反复的调整与修改。此时就需要在原有文字的基础上对文字对象进行编辑。

5.4.1　编辑单行文字

要修改"单行文字"的内容，只需在文字上双击，文字就进入编辑状态，这时所有文字处于选中状态，如果直接输入文字，将替换原有的文字，如果要添加文字，可以在要添加的位置点击一下，取消文字选中状态，这时可添加文字，如图 5-26 所示。

图 5-26 进入编辑状态的单行文字

在编辑状态下，可以修改文字的内容。修改完一行"单行文字"后，可以继续单击其他"单行文字"进行修改，修改完成后按"回车"键，即可完成文字对象的编辑。

采用双击的方法对"单行文字"进行编辑，只能修改文字的内容，不能修改文字的其他特性。若要修改文字的其他特性，可以使用"特性"工具。方法是先选中要编辑的文字，然后单击"默认"选项卡⇨"特性"面板⇨"对象特性"按钮▣，弹出"特性"对话框，如图 5-27 所示。在"特性"对话框中，不但可以修改文字的内容，还可以修改文字的样式、高度、旋转角、宽度比例、倾斜角、文字颜色、文字所在图层等文字特性。

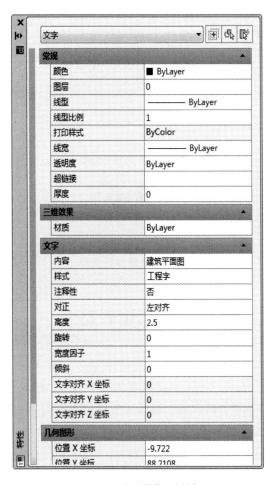

图 5-27 "特性"对话框

5.4.2 编辑多行文字

要修改"多行文字",可以双击要编辑的多行文字,打开"文字编辑器"选项卡和"文字框"。在"文字框"中可以修改文字的内容。在"文字编辑器"选项卡中,可以修改文字的格式,比如文字样式、字体、字高、加粗、倾斜、下划线、上划线、颜色、堆叠样式、缩进、对齐等。编辑修改完成后只需单击"关闭文字编辑器"按钮,或者在空白处点击即可。

注意:在修改文字的格式时要先选择需要修改的文字,然后在进行相应的修改编辑。

例 5-4 将图 5-24 中所示多行文字中第一行"说明:"的字高改为 10;将第 2 条中的"现场确定"改为"56.300 米"。

操作过程如下:双击要编辑的多行文字,在弹出的"文字框"中选中第一行的文字,如图 5-18 所示。然后在"文字编辑器"中将"字高"改为 10,再按回车键,完成字高的修改;接着选中第 2 条中的"现场确定",按退格键或删除键将其删除,并输入"56.300 米"。编辑完后如图 5-28 所示。最后单击"关闭文字编辑器"按钮即可。

图 5-28　编辑多行文字

5.5　创建表格

在工程图中经常需要使用表格，如标题栏、门窗表、钢筋表等都属于表格的应用。用户可以利用 AutoCAD 提供的表格工具设置所需要的表格样式，然后在图形窗口插入设置好样式的空表格，并且可以像 Word 中的表格一样很方便地向表格的单元格中填写数据（或文字）。

5.5.1　创建表格样式

创建表格时，首先要创建一个空表格，然后在表格的单元格中填写数据或文字。在创建空表格之前先要设置表格样式。

1. 激活表格样式命令、输入新建表格样式名

激活表格样式命令的方式如下：
- 下拉菜单："格式" ⇨ "表格样式"。
- 功能区："默认"选项卡⇨"注释"面板⇨"表格样式"按钮▦。
- 功能区："注释"选项卡⇨"表格"面板⇨"表格样式"按钮 。
- 命令行：tablestyle（或 ts）↙。

激活"表格样式"命令后，会弹出"表格样式"对话框，如图 5-29 所示。

在"表格样式"对话框的"样式"列表框中有一个"Standard"的表格样式，"Standard"的表格样式是 AutoCAD 自动生成的样式。用户要创建想要的表格样式，可以单击"新建"按钮，弹出"创建新的表格样式"对话框来创建新的表格样式，如图 5-30 所示。

下面以创建"门窗表"表格样式为例，说明创建表格样式的方法。在"新样式名"文本框中输入"门窗表"，表示这是新建的名为"门窗表"的表格样式。

单击"继续"按钮，弹出"新建表格样式：门窗表"对话框，如图 5-31 所示。

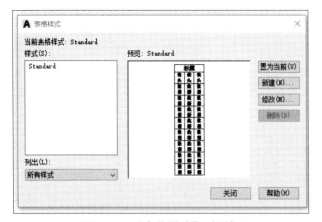

图 5-29 "表格样式"对话框

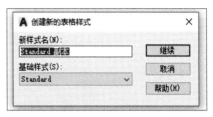

图 5-30 "创建新的表格样式"对话框

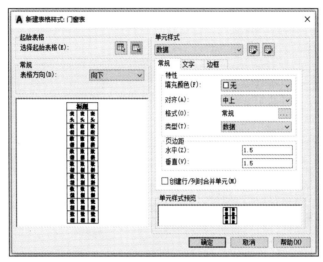

图 5-31 "新建表格样式"对话框

2. 设置单元特性

（1）"起始表格"选项区。单击"选择起始表格"按钮，可以在图形窗口中选择一个表格，将其样式作为新建表格的样式。若新建的表格样式与已插入的表格接近，只有部分内容不同时，用此方法很方便，只需将不同的地方修改即可。若没有已插入的表格，此项没用。

（2）"常规"选项区。单击"表格方向"下拉列表，用户可以选择"向下"或"向上"以指定表格方向，例如"向下"选项表示表格由上而下读取，标题行和列标题都在表格顶部。表格里有三个基本要素，分别是"标题""表头""数据"。在预览框里可以看到三个要素在表格的部位。门窗表表格方向选择"向下"。

（3）"单元样式"选项区。在单元样式选项区可以对表格的"标题""表头""数据"栏进行格式设置。

首先在下拉列表中选择"数据"。在"常规"选项卡，可以对"数据"栏的"特性"（填充颜色、对齐、格式、类型）和页边距（水平和垂直）进行设置。其中"页边距"是表格中文字到边框的距离，默认值为1.5。可将其修改为"0"，以方便修改表格的行高。

在"文字"选项卡，可以对文字特性进行设置。文字特性包含"文字样式""文字高度""文字颜色""文字角度"等内容，如图5-32所示。文字样式可以选择已经设置好的文字样式"工程字"；也可以单击列表框右边带省略号按钮▇，在弹出的"文字样式"对话框中设置新的文字样式。

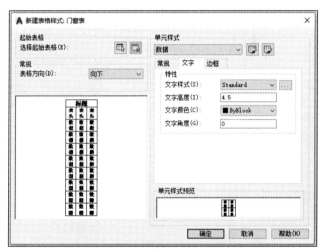

图 5-32 "数据选项"中的"文字"特性

在"边框"选项卡，可以对单元边框的样式进行设置。边框设置包括线型、线宽、颜色以及是否采用双线和双线间距，如图5-33所示。边框样式设置好后，单击"通过单击上面的按钮将选定的特性应用到边框"文字上面的按钮，将设定好的样式应用到按钮所显示的部位。

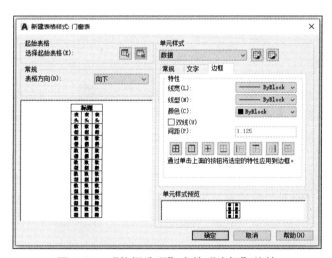

图 5-33 "数据选项"中的"边框"特性

"数据"栏设置好后，在单元样式下拉列表中选择"标题"，重复上面的设置。然后再在单元样式下拉列表中选择"表头"，再重复上面的设置。

124

在设置边框线宽时，一般将表格的外框设为粗线（比如 0.4 mm），内框设为细线（比如 0.15 mm）。在单元样式设置时，可对"标题""表头""数据"栏分别进行设置。设置方法如下：① 单元样式选择"标题"，线宽选择 0.4 mm，单击⊞按钮，将"标题"栏外边框设置为粗线。② 单元样式选择"表头"，线宽选择 0.4 mm，单击⊞按钮，将"表头"栏外边框设置为粗线；再选择线宽为 0.15 mm，单击⊞按钮将"表头"栏内边框设为细线。③ 单元样式选择"数据"，"数据"栏的内、外边框设置与"表头"栏的内、外边框设置相同。在预览框可以看到设置的边框线宽。

单元样式设置好后，单击"确定"按钮，再单击"关闭"按钮，结束表格样式创建。

5.5.2 插入表格

创建完表格样式后，可以单击"表格样式"对话框右上角的"置为当前"按钮，将已创建的"门窗表"样式作为当前的表格样式。

接下来可以用当前的表格样式在绘图区的适当位置插入一个表格，插入表格命令的激活方式如下：

- 下拉菜单："绘图" ⇨ "表格"；
- 功能区："默认"选项卡⇨"注释"面板⇨"表格"按钮▦；
- 功能区："注释"选项卡⇨"表格"面板⇨"表格"按钮▦；
- 命令行：table（或 tb）↙

下面以门窗表为例，说明插入表格的方法和步骤。

（1）激活插入表格命令后，系统会弹出"插入表格"对话框，如图 5-34 所示。

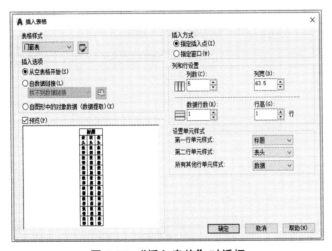

图 5-34 "插入表格"对话框

（2）在对话框的"表格样式"下拉列表中选择"门窗表"；在"插入方式"选项区域中选择"指定插入点"；在"列和行设置"选项区域中设置为 5 列 5 行，列宽设为 30，行高为 1 行；在"设置单元样式"选项区中将"第一行单元样式"设为"表头"，将"第二行单元样式"设为"数据"，然后单击"确定"按钮。如图 5-35 所示。

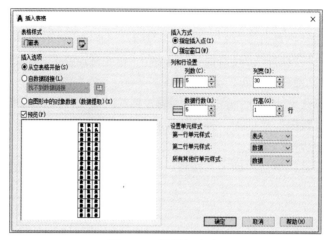

图 5-35　设置门窗表

注意：列宽 30 为 30 个绘图单位，而行高 1 为 1 行的高度，具体高度与文字高度和垂直页边距有关。1 行的高度＝"文字高度"＋"文字高度"/3+2*"垂直页边距"。

（3）此时一个空表格出现在光标处，随光标移动而移动，且命令提示区提示指定插入点。移动鼠标到要插入表格处单击将绘制出一个空表格，此时表格的左上角单元格处于文字编辑状态，等待输入数据或文字，同时选项卡切换为"文字编辑器"选项卡。如图 5-36 所示。

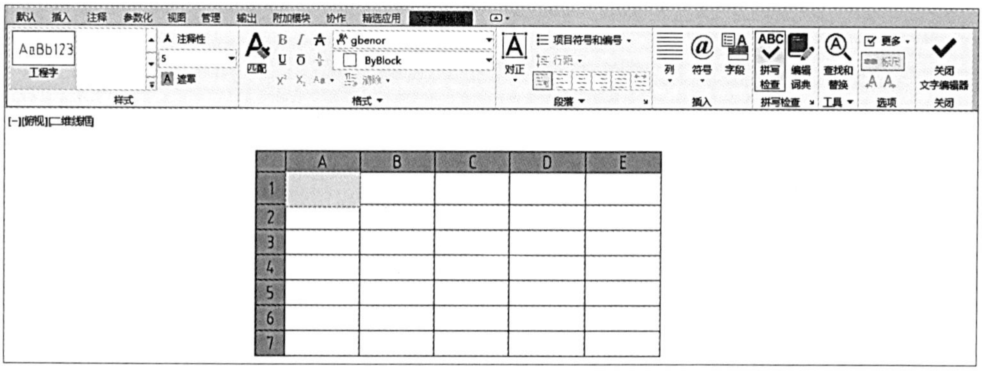

图 5-36　处于编辑状态的表格

（4）在单元格中输入文字"编号"，输入完毕按箭头键，切换到其他单元格，继续输入文字或数据。按此方法，可以给每个单元格输入文字或数据。完成后的门窗表如图 5-37 所示。

编号	宽度	高度	数量	备注
C-1	1800	1600	16	塑钢窗
C-2	1200	1800	8	塑钢窗
C-3	900	1800	6	塑钢窗
M-1	1000	2100	12	防盗门
M-2	900	2100	32	夹板门
M-3	1200	2100	16	塑钢门

图 5-37　在表格中输入的文字和数据

5.5.3 编辑表格

表格的编辑包括修改行高和列宽，插入或删除行，插入或删除列，合并单元格，修改单元格边框特性，编辑单元格中的文字或数据等。

下面以门窗表为例，说明表格的编辑方法。

1. 修改列宽度

设要将门窗表中"宽度""高度""数量"三列的列宽改为 20，操作如下：将光标移到第二列的任意单元格内按下鼠标左键并拖动鼠标到第四列的任一单元格内再松开鼠标左键，则三列内均有单元格被选中，如图 5-38 所示。然后右击鼠标弹出快捷菜单，如图 5-39 所示。

	A 编号	B 宽度	C 高度	D 数量	E 备注
1	编号	宽度	高度	数量	备注
2	C-1	1800	1600	16	塑钢窗
3	C-2	1200	1800	8	塑钢窗
4	C-3	900	1800	6	塑钢窗
5	M-1	1000	2100	12	防盗门
6	M-2	900	2100	32	夹板门
7	M-3	1200	2100	16	塑钢门

图 5-38　选中单元格

选择"特性"菜单项，弹出"特性"对话框，如图 5-40 所示，将对话框中的"单元宽度"项改为 20。

图 5-39　单元格快捷菜单　　　　图 5-40　"特性"对话框

按同样的方法，将第一列和第五列的宽度改为 25（因为这两列不相邻，所以需要分别进行修改）。将宽度、高度、数量三列中的数据对齐方式改为"正中"。修改后的门窗表如图 5-41 所示。

编号	宽度	高度	数量	备注
C-1	1800	1600	16	塑钢窗
C-2	1200	1800	8	塑钢窗
C-3	900	1800	6	塑钢窗
M-1	1000	2100	12	防盗门
M-2	900	2100	32	夹板门
M-3	1200	2100	16	塑钢门

图 5-41　修改后的门窗表

2. 修改行高度

要修改行高度，只要选中要修改的行（或属于该行的单元格），在"特性"对话框中将单元格高度改为所需高度。

注：在"特性"对话框中设置的高度为绘图单位，与"插入表格"对话框中的高度不同。若新的行高度小于 4/3 倍的字高和 2 倍的单元格的垂直页边距之和，则行高度不变，因为在创建表格样式时规定了文字高度和垂直页边距，1 行的最小高度="文字高度"+"文字高度"/3+2*"垂直页边距"。

"特性"对话框也可从下拉菜单调出，单击下拉菜单"修改" ⇨ "特性"，即可弹出"特性"对话框。然后选中要修改的单元格，在"特性"对话框中显示的单元格的内容均可进行修改，比如单元的样式、对齐方式、背景填充、边界的颜色线型线宽、单元边距等；以及单元文字的内容、样式、字高、旋转角、颜色等。

3. 插入列（或行）

选中准备插入列（或行）的前面（或后面）的单元格，然后右击鼠标弹出快捷菜单，如图 5-40 所示。选择快捷菜单中的"列"（或"行"）菜单项，弹出子菜单"在左侧插入""在右侧插入""删除"（或"在上方插入""在下方插入""删除"），如图 5-42 所示。根据所要插入的位置选择相应的选项即可。

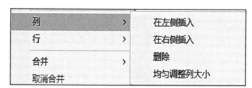

列	▶	在左侧插入
行	▶	在右侧插入
合并	▶	删除
取消合并		均匀调整列大小

图 5-42　"插入列"子菜单

4. 删除列（或行）

选中要删除的列（或行）任一单元格，右击鼠标，在弹出的快捷菜单中选择"列"（或"行"），然后在弹出的子菜单中选择"删除"即可。

5. 合并单元格

选中要合并的单元格并右击鼠标，在弹出的快捷菜单中选择"合并"，弹出子菜单，如图 5-43 所示。根据需要选择其中的"全部""按行""按列"选项即可。

图 5-43 "合并单元格"子菜单

例如，要绘制图 5-44 所示的标题栏，可以先插入 4 行（数据行 2 行，标题和表头单元样式均设为数据）6 列的表格，列宽为 25，行高为 1，如图 5-45 所示。然后选中第一、二行前四列，右击鼠标，在弹出的快捷菜单中选择"合并"，在弹出的子菜单中选择"全部"。结果如图 5-46 所示。

再按同样的方法合并第三、四行后三列单元格，如图 5-47 所示。

最后分别将第一、五列的宽度调整为 15，第三、六列宽度调整为 20，右下角的大单元格宽度调整为 70。至此完成标题栏的绘制。

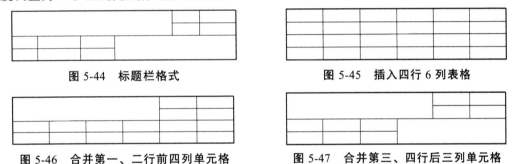

图 5-44 标题栏格式　　　　　　　　　　图 5-45 插入四行 6 列表格

图 5-46 合并第一、二行前四列单元格　　图 5-47 合并第三、四行后三列单元格

6. 编辑单元格中的内容

双击要修改内容的单元格，该单元格就处于编辑状态。此时可以修改单元格中的文字内容。修改完毕单击"确定"按钮或其他单元格。

7. 修改边框特性

选中要修改边框的单元（或行、列、甚至整个表格），右击鼠标弹出快捷菜单，选择"边框"菜单项，弹出"单元边框特性"对话框，如图 5-48 所示。对话框的内容与创建表格样式中的"边框特性"内容基本相同，可以根据需要设置内、外边框线的线宽、线型、颜色等。

例如，要将图 5-41 所示门窗表的表头下面的格线修改成细线，可选中表格的所有单元格（不包括外边框），右

图 5-48 "单元边框特性"对话框

129

击鼠标弹出快捷菜单，选中快捷菜单的"边框"菜单项，弹出"单元边框特性"对话框，在对话框的"线宽"下拉列表中选择 0.15 mm，然后在"边框类型"中选择"下边框"按钮▣即可。

5.5.4 对表格进行简单的统计运算

对于数据表格，可以像 Excel 那样对表格进行一些统计运算，并将计算的结果存入某个单元格中。例如上面图 5-41 所示的门窗表，在最后插入一行，如图 5-49 所示。

接下来要统计门和窗的总数，并将总数存入"数量"列的最下面的单元格。操作如下：

首先单击要存放计算结果的单元格（第 4 列第 8 行），然后右击鼠标，在弹出的快捷菜单中选择"插入点"⇨"公式"⇨"求和"菜单项，如图 5-50 所示。

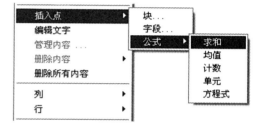

编号	宽度	高度	数量	备注
C-1	1800	1600	16	塑钢窗
C-2	1200	1800	8	塑钢窗
C-3	900	1800	6	塑钢窗
M-1	1000	2100	12	防盗门
M-2	900	2100	32	夹板门
M-3	1200	2100	16	塑钢门

图 5-49　在门窗表最下面插入一行　　　　　图 5-50　"插入公式"子菜单

单击"求和"菜单项后，命令提示行提示"选择表格单元范围的第一个角点："此时在"数量"列的第二行单元格内单击鼠标作为第一个角点，然后移动光标到同一列的第七行单元格内单击，作为单元范围的另一个角点，弹出"文字格式"编辑器，如图 5-51 所示。

单击"文字格式"编辑器的"确定"按钮，完成门窗数量求和的计算，并将总和填在"数量"列的第八行单元格内，如图 5-52 所示。

	A	B	C	D	E
1	编号	宽度	高度	数量	备注
2	C-1	1800	1600	16	塑钢窗
3	C-2	1200	1800	8	塑钢窗
4	C-3	900	1800	6	塑钢窗
5	M-1	1000	2100	12	防盗门
6	M-2	900	2100	32	夹板门
7	M-3	1200	2100	16	塑钢门
8				=Sum(D2:D7)	

图 5-51　"文字格式"编辑器

编号	宽度	高度	数量	备注
C-1	1800	1600	16	塑钢窗
C-2	1200	1800	8	塑钢窗
C-3	900	1800	6	塑钢窗
M-1	1000	2100	12	防盗门
M-2	900	2100	32	夹板门
M-3	1200	2100	16	塑钢门
			90	

图 5-52　统计结果

"公式"子菜单中的"方程式"可以像 Excel 一样对数据表格的不同行、列的单元格或单元范围进行加、减、乘、除、乘方等运算，此时单元格的数值用该单元格所在的行、列编号表示。

"公式"子菜单中的"均值"用于计算数据表格的任意单元范围的平均值。

5.6 上机实验

实验1 按图5-53给出样式绘制并填写标题栏

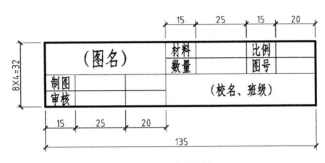

图 5-53 标题栏

1. 目的

定制文字样式；创建表格样式，利用表格样式绘制表格；编辑表格。

2. 操作指导

（1）定制文字样式，样式名为 fs，字体文件为"T 仿宋"，宽度比例为 0.7。

（2）创建表格样式。

打开"新建表格样式"对话框，将"数据""表头""标题"三个要素的文字样式设为 fs，文字高度设为 5，"常规"选项卡中"页边距"的水平及垂直距离均设为 0.5。

（3）创建4行7列的表格。

在"插入表格"对话框中，将列数设为7，列宽为25；将数据行设为2，行高为1；将第一、二行单元样式设为"数据"。

（4）将外边框修改为粗线（0.5 mm）。

（5）调整列宽度和行高，合并单元格。

（6）填写单元格中的文字（统一用5号字。若图名、校名要用更大的字，可用多行文字书写）。

实验2 创建图5-54所示的表格和说明

要求：

（1）定义工程字文字样式；

（2）字体关联文件的 SHX 字体文件为"gbenor.shx"，大字体文件为"gbcbig.shx"，宽度比例为 1.0；

（3）字高5号字；

（4）表格的"垂直页边距"项设为 0.5，"水平页边距"项设为 1；

（5）说明采用多行文字书写。

编号	名称	宽度	高度	数量
M-1	带亮子门	900	2700	5
C-1	铝合金推拉窗	1200	1800	6
C-2	铝合金推拉窗	1500	1800	3
C-3	铝合金推拉窗	2100	1800	15
合计				29

说明：

　　本工程基础设计根据建设单位提供的地质勘察报告进行设计，基础座于第2层粉土上，承载力特征值fak=120KPa。基槽开挖后要进行钎探，并通知地质勘察单位和设计单位参加验槽，验槽合格后方可进行下一步施工。

图 5-54　表格和文字

第6章 尺寸标注

几何图形只能反映设计对象的形状结构，而它们的真实大小和各部分之间的相对位置关系需要通过尺寸标注来确定。因此，尺寸标注是土木工程设计、施工、机械制造及装配的重要依据。AutoCAD 2020 提供了多种方便、准确的标注对象尺寸的方法，用户可以快速完成工程图样上的尺寸标注。在标注尺寸之前，应该首先了解 AutoCAD 2020 尺寸标注的组成、类型、标注样式的创建和设置方法等。

6.1　尺寸标注的组成与尺寸标注的类型

6.1.1　尺寸标注的组成

在土木工程制图或机械制图中，一个完整的尺寸标注应由尺寸界线、尺寸线、尺寸起止符（通常用箭头或 45°短斜线表示）和标注文字等组成，如图 6-1 所示。

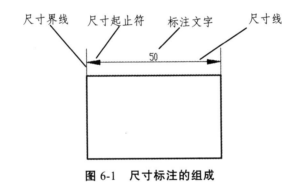

图 6-1　尺寸标注的组成

6.1.2　尺寸标注的类型

AutoCAD 2020 提供了多种标注工具用以标注图形对象，分别位于"标注"下拉菜单或"注释"选项卡的"标注"面板，如图 6-2 所示。

使用"标注"下拉菜单和"注释"选项卡的"标注"面板可以进行线性、角度、直径、半径、对齐、弧长、连续、引线、折弯、圆心及基线等标注，图 6-3 为常见的尺寸标注类型。

主要标注工具的功能如表 6-1 所示。

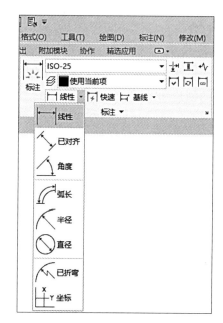

（a）"标注"下拉菜单   （b）"标注"面板

图 6-2 "标注"下拉菜单和"注释"选项卡"标注"面板

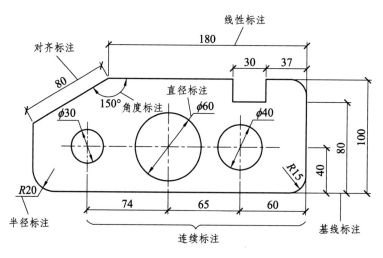

图 6-3 常见的尺寸标注类型

表 6-1 AutoCAD 标注工具的功能

按 钮	功 能	命 令	说 明
	标注	DIM	使用单个命令创建多个标注和标注类型。可选择要标注的对象或对象上的点，然后单击以放置尺寸线；可将光标悬停在对象上，将自动生成要使用的合适标注类型的预览
	线性标注	DIMLINEAR	测量两点间的直线距离，可用来创建水平、垂直或旋转线性标注
	对齐标注	DIMALIGNED	创建尺寸线平行于尺寸界线原点的线性标注，可创建对象的真实长度测量值
	弧长标注	DIMARC	测量圆弧或多段线圆弧分段的弧长
	坐标标注	DIMORDINATE	创建坐标点标注，显示从给定原点测量出来的点的 X 或 Y 坐标
	半径标注	DIMRADIUS	测量圆或圆弧的半径
	折弯标注	DIMJOGGED	折弯标注圆或圆弧的半径
	直径标注	DIMDIAMETER	测量圆或圆弧的直径
	角度标注	DIMANGULAR	测量角度
	快速标注	QDIM	一次选择多个对象，创建标注阵列。例如基线、连续和坐标标注
	基线标注	DIMBASELINE	从上一个或选定标注的基线作连续的线性、角度或坐标标注，都从相同原点测量尺寸
	连续标注	DIMCONTINUE	从上一个或选定标注的第 2 条尺寸界线作连续的线性、角度或坐标标注
	标注间距	DIMSPACE	对平行的线性标注和角度标注之间的间距做同样的调整
	折断标注	DIMBREAK	可以使标注、尺寸延伸线或引线在和图形对象相交处断开，可以自动或手动将折断标注添加到标注或多重引线
	公 差	TOLERANCE	创建形位公差
	圆心标记	DIMCENTER	创建圆和圆弧的圆心标记或中心线
	检 验	DIMINSPECT	使用户可以有效地传达检查所制造的部件的频率
	折弯线性	DIMJOGLINE	可以将折弯线添加到线性标注。折弯线用于表示不显示实际测量值的标注值。通常，标注的实际测量值小于显示的值
	倾 斜	DIMEDIT	更改尺寸界线的倾斜角

6.2 创建尺寸标注样式

在尺寸标注时，尺寸标注样式控制尺寸界线、尺寸线、标注文字、箭头等的外观和格式。它是一组尺寸标注系统变量的集合。通过建立尺寸标注样式，用户可以设置所有相应的尺寸变量并控制图形中尺寸标注的外观和布局。

6.2.1 定义标注样式

AutoCAD 2020 提供了如图 6-4 所示的"标注样式管理器"对话框来创建或设置尺寸标注样式。弹出该对话框的方法如下：

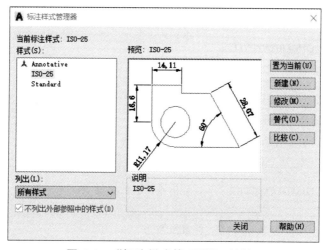

图 6-4 "标注样式管理器"对话框

- 命令行：dimstyle。
- 下拉菜单："格式" ⇨ "标注样式"。
- 功能区"常用"选项卡"注释"面板的下拉列表："标注样式"按钮 。

创建新标注样式的具体步骤如下：

（1）在"标注样式管理器"对话框中单击"新建"按钮，弹出如图 6-5 所示"创建新标注样式"对话框。

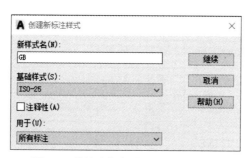

图 6-5 "创建新标注样式"对话框

（2）在"新样式名"文本框中输入要创建的尺寸标注样式的名称，如 GB。

（3）在"基础样式"下拉列表中选择一种基础样式，新样式将在该基础样式的基础上进行修改。

（4）在"用于"下拉列表中指定新建标注样式的应用范围，包括"所有标注""线性标注""角度标注""半径标注""直径标注""坐标标注"和"引线与公差"等选项。

（5）单击该对话框中的"继续"按钮，弹出如图 6-6 所示"新建标注样式：GB"对话框。

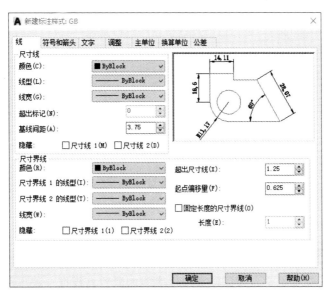

图 6-6　"新建标注样式"对话框

（6）在"新建标注样式：GB"对话框中，可以对尺寸标注的各种变量进行设置，完成设置后，单击"确定"按钮返回"标注样式管理器"对话框，在"样式"列表框中就有了一个新的尺寸标注样式 GB。

（7）选择该样式，单击"置为当前"按钮，可以使其成为当前样式。

6.2.2　设置"线"选项卡

单击如图 6-6 所示的"新建标注样式"对话框中的"线"选项卡，用户可以设置尺寸线、尺寸界线的格式和位置。

1. 设置尺寸线

在"尺寸线"选项组中，可以设置尺寸线的颜色、线型、线宽、超出标记以及基线间距等属性。其各选项的功能说明如下。

- "颜色"下拉列表框：用于设置尺寸线的颜色。默认尺寸线的颜色为随块。
- "线型"下拉列表框：用于设置尺寸线的线型。
- "线宽"下拉列表框：用于设置尺寸线的宽度。默认情况下，尺寸线的线宽也是随块。

● "超出标记"文本框：当尺寸起止符号采用倾斜、建筑标记、小点、积分或无标记等样式时，使用该文本框可以设置尺寸线超出尺寸界线的长度。

● "基线间距"文本框：进行基线尺寸标注时，可以设置各尺寸线之间的距离。基线间距如图 6-7 所示。

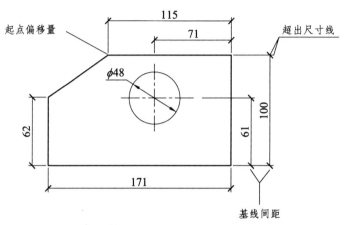

图 6-7 设置基线间距、超出尺寸线和起点偏移量

● "隐藏"选项组：通过选择"尺寸线 1"或"尺寸线 2"复选框，可以隐藏第 1 段或第 2 段尺寸线及其相应的起止符号。

2. 设置尺寸界线

在"尺寸界线"选项组中，可以设置尺寸界线的颜色、线宽、超出尺寸线的长度和起点偏移量、隐藏控制等属性。其各选项的功能说明如下。

● "颜色"下拉列表框：用于设置尺寸界线的颜色。

● "尺寸界线 1"和"尺寸界线 2"下拉列表框：分别用于设置尺寸界线 1 和尺寸界线 2 的线型。

● "线宽"下拉列表框：用于设置尺寸界线的宽度。

● "超出尺寸线"文本框：用于设置尺寸界线超出尺寸线的长度，如图 6-7 所示。

● "起点偏移量"文本框：用于设置尺寸界线的起点与标注定义点的距离，如图 6-7 所示。

● "隐藏"选项组：通过选择"尺寸界线 1"或"尺寸界线 2"复选框，可以隐藏尺寸界线。

● "固定长度的尺寸界线"复选框：选中该复选框，可以使用具有特定长度的尺寸界线标注图形，其中在"长度"文本框中可以输入尺寸界线的长度值。

6.2.3 设置"符号和箭头"选项卡

在"新建标注样式"对话框中，使用"符号和箭头"选项卡可以设置箭头、圆心标记、折断标注、弧长符号、半径折弯标注和线性折弯标注的格式与位置，如图 6-8 所示。

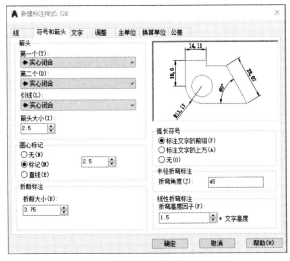

图 6-8　"符号和箭头"选项卡

1. 箭头

在"箭头"选项组中，可以设置尺寸线和引线的箭头类型及长度等。一般情况下，尺寸线两端的箭头应一致。

为了满足不同类型的图形标注需要，AutoCAD 设置了 20 多种箭头样式。用户可以从对应的下拉列表框中选择箭头，并在"箭头大小"文本框中设置其大小。

2. 圆心标记

在"圆心标记"选项组中，可以设置圆心标记的类型和大小。"类型"下拉列表框用于设置圆或圆弧的圆心标记类型，如"标记""直线"和"无"。其中，选择"无"选项，则没有任何标记；选择"标记"选项，可对圆或圆弧绘制圆心标记；选择"直线"选项，

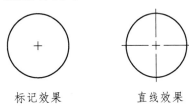

标记效果　　　　　　直线效果

图 6-9　圆心标记类型

可对圆或圆弧绘制中心线，如图 6-9 所示。当选择"标记"或"直线"单选按钮时，可以在"大小"文本框中设置圆心标记的大小。

3. 折断标注

当使用折断标注命令时，用于设置尺寸的引线被对象折断后，尺寸线等断开处的间隔距离值，默认 3.75，如图 6-10 所示。

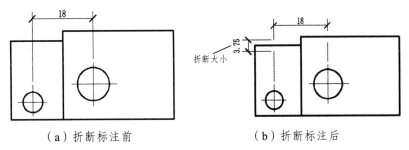

（a）折断标注前　　　　　　　　　　（b）折断标注后

图 6-10　折断标注示意图

139

4．弧长符号

在"弧长符号"选项组中，可以设置弧长符号显示的位置，包括"标注文字的前缀""标注文字的上方"和"无"3种方式，依次如图6-10所示。

图 6-11　设置弧长符号的位置

5．半径折弯标注

在"半径折弯标注"选项组的"折弯角度"文本框中，可以设置在标注大圆弧半径时，标注线的折弯角度大小，默认值为45°，表示的含义如图6-12所示。

6．线性折弯标注

在"线性折弯标注"选项组的"折弯高度因子"文本框中，可以设置在线性折弯标注时，标注线的折弯高度是标注文字高度的因子倍数。

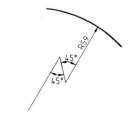

图 6-12　半径折弯标注的折弯角度

6.2.4　设置"文字"选项卡

"新建标注样式"对话框中的"文字"选项卡如图6-13所示，用户可以在其中设置标注文字的外观、位置和对齐方式。

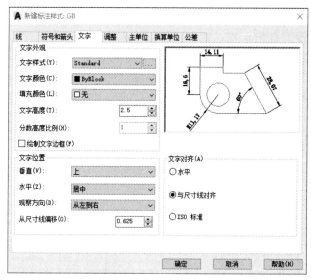

图 6-13　"文字"选项卡

1．文字外观

在"文字外观"选项组中，可以设置文字的样式、颜色、高度和分数高度比例，以及控制是否绘制文字边框等。其各选项的功能说明如下。

● "文字样式" 下拉列表框：用于显示和设置标注的文字样式。若当前图形中没有定义所需的文字样式，可以单击其后的■按钮，弹出 "文字样式" 对话框，从中新建文字样式。

● "文字颜色" 下拉列表框：用于设置标注文字的颜色。

● "填充颜色" 下拉列表框：用于设置标注文字的背景颜色。

● "文字高度" 文本框：用于设置标注文字的高度。

● "分数高度比例" 文本框：用于设置标注文字中的分数相对于其他标注文字的比例，AutoCAD 将该比例值与标注文字高度的乘积作为分数的高度。

● "绘制文字边框" 复选框：用于设置是否给标注文字加边框，如图 6-14 所示。

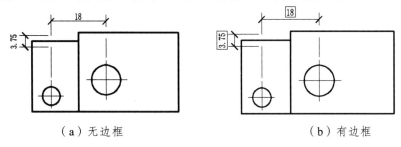

（a）无边框   （b）有边框

图 6-14　文字无边框与有边框效果对比

2. 文字位置

在 "文字位置" 选项组中，可以设置文字的垂直位置、水平位置以及从尺寸线的偏移量。其各选项的功能说明如下。

● "垂直" 下拉列表框：用于设置标注文字相对于尺寸线在垂直方向的位置，包括 "居中" "上" "外部" "JIS"（日本工业标准）和 "下" 5 个选项，位置效果依次如图 6-15 所示。

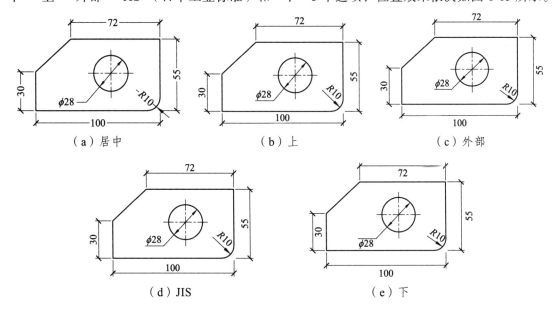

（a）居中   （b）上   （c）外部

（d）JIS   （e）下

图 6-15　文字垂直位置的 5 种形式

● "水平"下拉列表框：用于设置标注文字相对于尺寸线和尺寸界线在水平方向的位置，有"居中""第一条尺寸界线""第二条尺寸界线""第一条尺寸界线上方"和"第二条尺寸界线上方"选项。设置结果如图6-16所示。

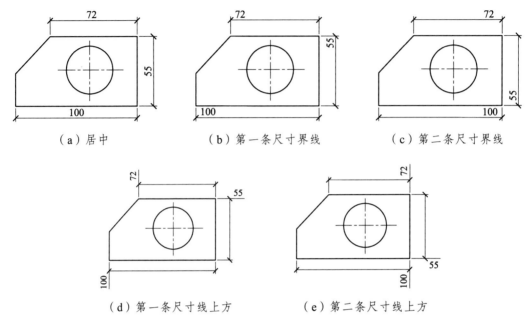

（a）居中　　　　　　　　（b）第一条尺寸界线　　　　　　（c）第二条尺寸界线

（d）第一条尺寸线上方　　　　　（e）第二条尺寸线上方

图6-16　文字水平位置

● "从尺寸线偏移"文本框：用于设置标注文字与尺寸线之间的距离。若标注文字位于尺寸线的中间，则表示断开处尺寸线端点与尺寸文字的间距。若标注文字带有边框，则可以控制文字边框与其中文字的距离。

3. 文字对齐

在"文字对齐"选项组中，可以设置标注文字是保持水平还是与尺寸线平行，如6-17所示。

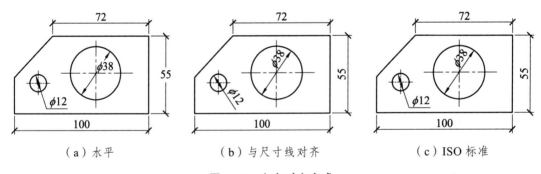

（a）水平　　　　　　　　（b）与尺寸线对齐　　　　　　（c）ISO标准

图6-17　文字对齐方式

其各选项的功能说明如下：

● "水平"单选按钮：选择该单选按钮时，标注的文字将水平放置。

● "与尺寸线对齐"单选按钮：选择该单选按钮时，标注文字将与尺寸线平行。

● "ISO 标准"单选按钮：选择该单选按钮时，标注文字按 ISO 标准放置。当标注文字在尺寸界线之内时，与尺寸线平行，而在尺寸界线之外时将水平放置。

6.2.5 设置"调整"选项卡

在"新建标注样式"对话框中，可以使用"调整"选项卡设置调整标注文字、尺寸线、尺寸箭头的位置，如图 6-18 所示。

图 6-18 "调整"选项卡

1．调整选项

在"调整选项"选项组中，可以确定当尺寸界线之间没有足够的空间同时放置标注文字和箭头时，应从尺寸界线之间移出的对象，如图 6-19 所示。

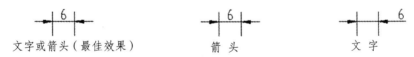

图 6-19 标注文字和箭头在尺寸界线间的放置

其各选项的功能说明如下：

● "文字或箭头，取最佳效果"单选按钮：选择该单选按钮时，系统自动将文字或箭头选择最佳位置放置。

● "箭头"单选按钮：选择该单选按钮可首先将箭头移出。

● "文字"单选按钮：选择该单选按钮可首先将文字移出。

● "文字和箭头"单选按钮：选择该单选按钮可将文字和箭头都移出。

● "文字始终保持在尺寸界线之间"单选按钮：选择该单选按钮可将文字始终保持在尺寸界限之内。

● "若不能放在尺寸界线内，则消除箭头"复选框：选中该复选框，如果尺寸界线之间的空间不足以容纳箭头，则隐藏箭头。

2. 文字位置

在"文字位置"选项组中，可以设置文字从默认位置移动时文字的位置，如图 6-20 所示。

图 6-20　标注文字的位置

其各选项的功能如下：
● "尺寸线旁边"单选按钮：移动文字，尺寸线跟随着动。
● "尺寸线上方，加引线"单选按钮：移动文字，尺寸线不动，并自动加上引线。
● "尺寸线上方，不加引线"单选按钮：移动文字，尺寸线不动，也不加引线。

3. 标注特征比例

在"标注特征比例"选项组中，可以设置标注尺寸的特征比例，以便通过设置全局比例因子来放大或缩小标注尺寸各构成要素的大小，注意改变特征比例时，尺寸测量值的大小不变，如图 6-21 所示。

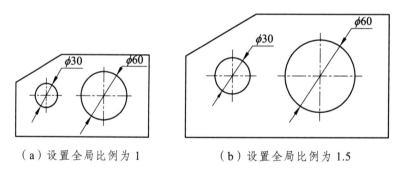

（a）设置全局比例为 1　　　　　　（b）设置全局比例为 1.5

图 6-21　使用全局比例控制标注尺寸

其各选项的功能如下：
● "使用全局比例"单选按钮：选择该单选按钮，可以对全部尺寸标注设置缩放比例，该比例不改变尺寸的测量值。
● "将标注缩放到布局"单选按钮：选择该单选按钮，可以根据当前模型空间视口与图纸空间之间的缩放关系设置比例。

4. 优化

在"优化"选项组中，可以对标注文字和尺寸线作细微调整，该选项组包括以下两个复选框。
● "手动放置文字"复选框：选中该复选框，在标注时可将标注文字放置在鼠标指定的位置。

● "在尺寸界线之间绘制尺寸线"复选框：选中该复选框，当尺寸箭头放置在尺寸界线之外时，强制在尺寸界线之内绘制尺寸线。

6.2.6 设置"主单位"选项卡

在"新标注样式"对话框中，可以使用"主单位"选项卡设置主单位的格式与精度等属性，如图 6-22 所示。

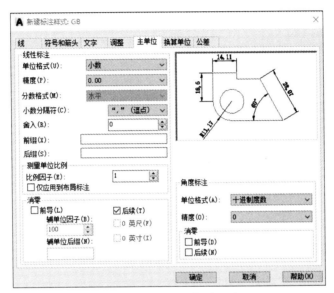

图 6-22 "主单位"选项卡

1. 线性标注

在该选项组中，可以设置线性标注的单位格式与精度。其各选项功能如下：

● "单位格式"下拉列表框：用于设置除角度标注之外的其他标注类型的尺寸单位，包括"科学""小数""工程""建筑""分数"及"Windows 桌面"等选项。

● "精度"下拉列表框：用于设置除角度标注之外的其他标注的尺寸精度。

● "分数格式"下拉列表框：用于设置分数型尺寸文字的标注格式。

● "小数分隔符"下拉列表框：设置小数的分隔符，包括"逗点""句点"和"空格"3种方式。

● "舍入"文本框：用于设置除角度标注外的尺寸测量值的舍入值。

● "前缀"和"后缀"文本框：设置标注文字的前缀和后缀，在相应的文本框中输入字符即可。

● "测量单位比例"选项组：使用"比例因子"文本框可以设置测量尺寸的缩放比例，AutoCAD 的实际标注值为测量值与该比例的乘积。选中"仅应用到布局标注"复选框，可以设置该比例关系仅适用于布局。

注：当图形不是用 1：1 的比例绘制时，将"比例因子"设置成绘图比例的倒数，可使所标注的尺寸数值为实际尺寸。

● "消零"选项组：可以设置是否显示尺寸标注中的前导和后续零。

2．角度标注

在"角度标注"选项组中，可以使用"单位格式"下拉列表框设置标注角度时的单位，使用"精度"下拉列表框设置标注角度的尺寸精度，使用"消零"选项组设置是否消除角度尺寸的前导和后续零。

6.2.7 设置"单位换算"选项卡

在"新建标注样式"对话框中，可以使用"换算单位"选项卡设置换算单位的格式，如图6-23所示。

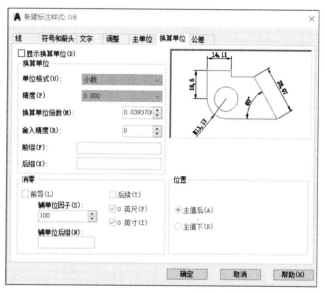

图6-23 "换算单位"选项卡

通过换算标注单位，可以转换使用不同测量单位制的标注，通常显示英制标注的等效公制标注，或公制标注的等效英制标注。在标注文字中，换算标注单位显示在主单位旁边的方括号[]中，如图6-24所示。

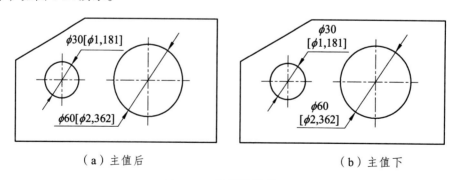

（a）主值后　　　　　　　　　　　　　（b）主值下

图6-24 使用换算单位

当选中"显示换算单位"复选框后，对话框的其他选项才可用。设置换算单位的"单位格式""精度""换算单位乘数""舍入精度""前缀""后缀"及"消零"等的方法与设置主单位的方法相同。

在"位置"选项组中，可以设置换算单位的位置，包括"主值后"和"主值下"两种方式。

6.2.8 设置"公差"选项卡

在"新建标注样式"对话框中，可以使用"公差"选项卡设置是否标注公差以及以何种方式进行标注，如图 6-25 所示。

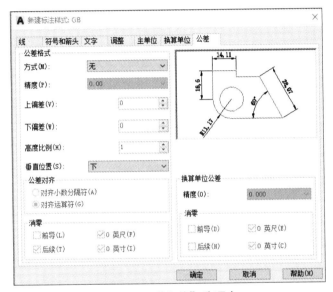

图 6-25　"公差"选项卡

6.3　定制土木工程图的标注样式及子样式

根据相关《技术制图》国家标准，标注各选项及参数设置如下：

（1）选择下拉菜单："格式"→"标注样式"，弹出"标注样式管理器"对话框（见图 6-4）。

（2）在"标注样式管理器"中，单击"新建"按钮，弹出"创建新标注样式"对话框（见图 6-5）。

（3）在"创建新标注样式"的"新样式名"中，用户可自行命名，如输入"GB"作为新样式名，"基础样式"选"ISO-25"，"用于"选"所有标注"。

（4）单击"继续"按钮，弹出"新建标注样式：GB"对话框（见图 6-6）。

（5）选择"线"选项卡（见图 6-26）

① 将"尺寸线"栏中的"基线间距"改为 7。

② 将"尺寸界线"栏中的"超出尺寸线"改为 2，"起点偏移量"改为 2。

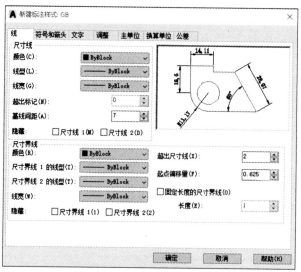

图 6-26　"线"选项卡设置

（6）"符号和箭头"选项卡中的"箭头大小"为默认值 2.5，见图 6-27。

注：此处是设置主样式，不需要改动，设置完主样式，在后面设置各子样式时，尺寸起止符如果是箭头，大小为 2.5；如果是 45°短画线，可改为 1.5 或 2。

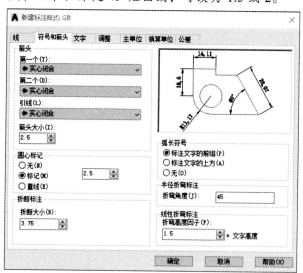

图 6-27　"符号和箭头"选项卡设置

（7）选择"文字"选项卡（见图 6-28）。

① 从"文字外观"栏中的"文字样式"下拉列表中，选择"gb"——前述文字样式已设定。

② 将"文字高度"：改为 3.5。

（8）选择"主单位"选项卡（见图 6-29）。

①"线性标注"栏中的"精度"：以毫米为单位时选为 0；"角度标注"栏中的"精度"：根据需要设置，默认为 0。

② 其余选项默认。

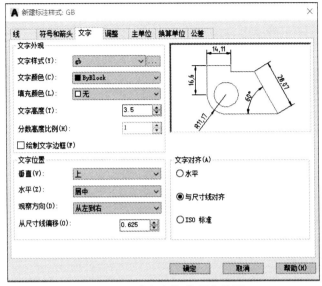

图 6-28　"文字"选项卡设置

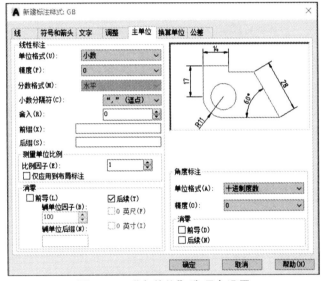

图 6-29　"主单位"选项卡设置

（9）单击"确定"按钮，返回"标注样式管理器"，此时在"样式"中已经添加"GB"（见图 6-30）。

以下基于标注样式 GB，创建其子样式：线性标注见步骤（10）~（13），角度标注见步骤（14）~（18），半径标注和直径标注见步骤（19）~（26）。

（10）单击"新建"按钮，创建"线性标注"子样式。

（11）在弹出的"创建新标注样式"对话框中，在"用于"下拉列表中选择"线性标注"，再单击"继续"按钮，对"线性标注"子样式进行设置，如图 6-31 所示。

（12）在弹出的"新建标注样式：GB：线性"对话框中，选择"符号和箭头"选项卡，在"符号和箭头"栏中的"第一个""第二个"下拉列表中均选择"建筑标记"或"倾斜"，在"箭头大小"下拉框内设置为 1.5。如图 6-32 所示。

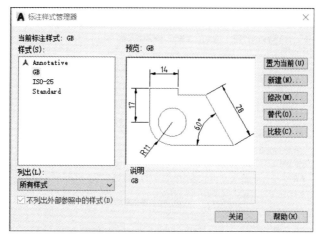

图 6-30　添加"GB"样式

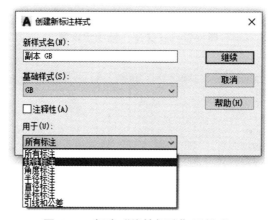

图 6-31　新建"线性标注"子样式

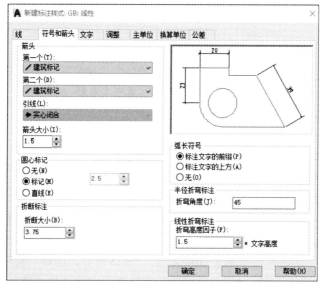

图 6-32　"线性标注"设置

（13）单击"确定"按钮，完成线性标注设置，回到"标注样式管理器"对话框。

（14）单击"新建"按钮，创建"角度标注"子样式。

（15）在弹出的"创建新标注样式"对话框（见图 6-31）中，在"用于"下拉列表中选择"角度标注"，再单击"继续"按钮，对"角度标注"子样式进行设置。

（16）在弹出的"新建标注样式：GB：角度"对话框中，选择"文字"选项卡，在"文字位置"栏中的"垂直"下拉列表中选择"外部"；在"文字对齐"栏中选择"水平"，其他默认。如图 6-33 所示。

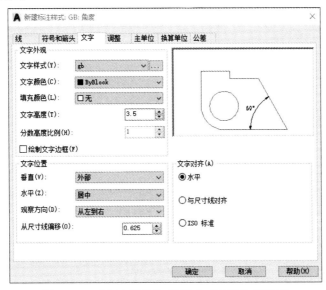

图 6-33　"角度标注"子样式"文字"选项卡

（17）选择"主单位"选项卡，在"角度标注"栏中，将精度改为"0.0"，其他默认。如图 6-34 所示。

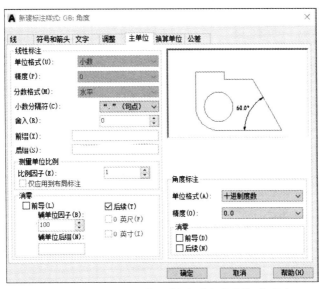

图 6-34　"角度标注"子样式"主单位"选项卡

（18）单击"确定"按钮，完成角度标注设置，回到"标注样式管理器"对话框。

（19）单击"新建"按钮，创建"半径标注"子样式。

（20）在弹出的"创建新标注样式"对话框（见图 6-34）中，在"用于"下拉列表中选择"半径标注"，再单击"继续"按钮。

（21）在弹出的"新建标注样式：GB：半径"对话框中，选择"文字"选项卡，在"文字对齐"栏中，选择"ISO 标准"，其他默认。如图 6-35 所示。

图 6-35　"半径标注"子样式"文字"选项卡

（22）选择"调整"选项卡，在"调整选项"栏中，选择"文字"；在"文字位置"栏中，选择"尺寸线旁边"，在"优化"栏中选择"手动放置文字"；其他默认。如图 6-36 所示。

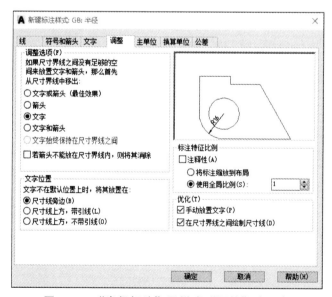

图 6-36　"半径标注"子样式"调整"选项卡

（23）单击"确定"按钮，完成半径标注设置，回到"标注样式管理器"对话框。

（24）单击"新建"按钮，创建"直径标注"子样式。

（25）在弹出的"创建新标注样式"对话框（见图 6-31）中，在"用于"下拉列表中选择"直径标注"，再单击"继续"按钮。

（26）接下来的步骤和设置值同"半径标注" 步骤（21）~（22）。

（27）尺寸标注样式"GB"及其子样式创建完成后，"标注样式管理器"中显示如图 6-37 所示，选择"GB"，并依次单击"置为当前"按钮和"关闭"按钮。

注意：设置好尺寸标注样式 GB 之后，一定要将尺寸标注样式 GB"置为当前"。

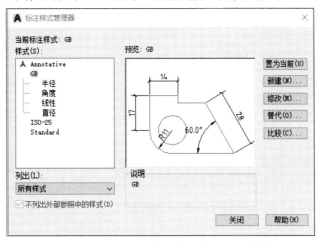

图 6-37　尺寸标注样式"GB"及其子样式

6.4　标注长度型尺寸

长度型尺寸标注是指用于标注两点间的长度，这些点可以是端点、交点、圆弧弦线端点或能够识别的任意两个点。长度型尺寸标注包括多种类型，如线性标注、对齐标注、弧长标注、快速标注、基线标注和连续标注等。下面依次介绍这些标注的使用方法。

6.4.1　线性标注

线性标注用于标注当前坐标系 XY 平面中的两个点之间的水平或竖直方向的距离测量值，通过指定两点或选择一个对象来实现。

激活线性标注命令的方法如下：

● 命令行：DIMLINEAR。

● 下拉菜单："标注" ⇨ "线性"。

● 功能区"注释"选项卡"标注"面板："线性标注"按钮 。

执行命令后，命令行提示如下：

指定第一条尺寸界线原点或<选择对象>：（指定第一条尺寸界线的原点，或按 Enter 键选择标注对象）

指定第二条尺寸界线原点：（指定第二条尺寸界线的原点）

指定尺寸线位置或[多行文字(M)/文字(T)/角度(A)/水平(H)/垂直（v）/旋转(R)]：（指定尺寸线的位置，系统将自动测量出两个尺寸界线原点间的水平或竖直距离并注出尺寸）

注意：在指定尺寸界线原点时，一定要利用对象捕捉功能，精确地拾取标注对象的特征点。

6.4.2　对齐标注

对齐标注用于标注斜线的长度。

激活对齐标注命令的方法如下：

- 命令行：DIMALIGNED。
- 下拉菜单："标注" ⇨ "对齐"。
- 功能区"注释"选项卡"标注"面板："对齐"按钮。

命令行提示与线性标注相同。

例 6-1　对图 6-38 所示的图形进行线性标注和对齐标注。

命令：_dimlinear

指定第一条尺寸界线原点或 <选择对象>：（捕捉 A 点）

指定第二条尺寸界线原点：（捕捉 B 点）

指定尺寸线位置或[多行文字(M)/文字(T)/角度(A)/水平(H)/垂直(V)/旋转(R)]：（在线段 AB 上方合适位置单击鼠标）

标注文字 = 70

命令：_dimaligned

指定第一条尺寸界线原点或 <选择对象>：（捕捉 B 点）

指定第二条尺寸界线原点：（捕捉 C 点）

指定尺寸线位置或[多行文字(M)/文字(T)/角度(A)]：（在线段 BC 右侧合适位置单击鼠标）

标注文字 = 79

标注结果如图 6-39 所示。

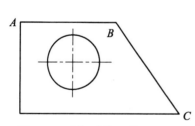

图 6-38　要标注的原始图形

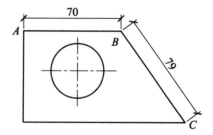

图 6-39　线性标注和对齐标注的尺寸

6.4.3　基线标注

基线标注指各尺寸线从同一尺寸界线处引出，如图 6-40 所示。

激活基线标注命令的方法有如下 3 种：

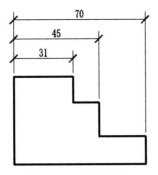

图 6-40 基线标注

- 命令行：DIMBASELINE。
- 下拉菜单："标注"→"基线"。
- 功能区"注释"选项卡→"标注"面板→"基线"按钮 基线。

执行此命令，可以创建一系列由相同的标注原点测量出来的标注。

基线标注在标注之前，首先必须要创建（或选择）一个线性标注、坐标标注或角度标注作为基准标注，以确定基线标注所需的前一尺寸标注的尺寸界线，然后执行基线标注命令，此时命令行提示如下：

指定第二条尺寸界线原点或[放弃(U)/选择(S)]<选择>:

在该提示下，如果以刚刚执行完的一个标注为基准，用户可以直接指定下一个尺寸的第二条尺寸界线的原点。如果不以刚刚执行完的线性标注为基准，那么用户需要按 Enter 键以选择已有的线性标注为基准。AutoCAD 将按基线标注方式标注出尺寸，直到按下两次 Enter 键结束命令为止。

6.4.4 连续标注

连续标注是指一系列首尾相连的尺寸标注，相邻两尺寸线共用同一尺寸界线，如图 6-41 所示。

激活连续标注命令的方法如下：
- 命令行：DIMCONTINUE。
- 下拉菜单："标注" ⇨ "连续"。
- 功能区"注释"选项卡"标注"面板："连续"按钮 连续。

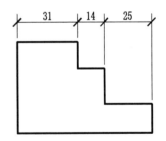

图 6-41 连续标注

执行此命令，可以创建一系列端对端放置的标注，每个连续标注都从前一个标注的第二个尺寸界线处开始计量。

与基线标注一样，在进行连续标注之前，必须先创建（或选择）一个线性标注、坐标标注或角度标注作为基准标注，以确定连续标注所需的前一尺寸标注的尺寸界线，然后执行连续标注命令，此时命令行提示和执行过程与基线标注均相同。

6.4.5 折弯线性

用于在线性标注或对齐标注中添加或删除"Z"字形的折弯线。折弯的高度由标注样式

155

中的线性折弯大小值决定。将折弯添加到线性标注后，可以使用夹点编辑来定位和移动折弯位置。用户也可以在标注样式中"直线和箭头"下的"特性"选项板上调整线性标注上折弯符号的高度。

激活折弯线性标注命令的方法如下：

● 命令行：DIMJOGLINE。

● 菜单："标注" ⇨ "折弯线性"。

● 功能区"注释"选项卡"标注"面板："折弯线性"按钮 。

执行此命令，命令行会提示：

选择要添加折弯的标注或[删除(R)]：（指定要向其添加折弯的线性标注或对齐标注）

接着系统将提示：

指定折弯位置（或按 Enter 键）：

此时，用户可以指定一点作为折弯位置，或按 ENTER 键以将折弯放在标注文字和第一条尺寸界线之间的中点处，或基于标注文字位置的尺寸线的中点处。

若在提示"选择要添加折弯的标注或[删除(R)]"时选择"删除(R)"系统会提示：

选择要删除的折弯：（指定要从中删除折弯的线性标注或对齐标注）

此时，折弯将从线性标注或对齐标注中删除。

折弯标注示例如图 6-42。

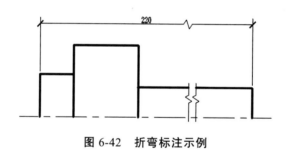

图 6-42　折弯标注示例

6.5　标注半径、直径和角度

在 AutoCAD 中，常常会遇到半径、直径和角度等尺寸的标注。此时，用户可以使用"半径""直径"和"角度"命令对其进行尺寸标注。

6.5.1　半径标注

半径标注可以标注圆和圆弧的半径。

激活半径标注命令的方法如下：

● 命令行：DIMRADIUS。

● 下拉菜单："标注" ⇨ "半径"。

● 功能区"注释"选项卡"标注"面板："半径"按钮 。

执行该命令的过程如下:

命令: _dimradius

选择圆弧或圆:(选择要标注半径的圆或圆弧)

指定尺寸线位置或[多行文字(M)/文字(T)/角度(A)]:(指定尺寸线的位置或选择选项来设置尺寸文字)

注意:当通过"多行文字(M)"和"文字(T)"选项重新确定尺寸文字时,只有给输入的尺寸文字加前缀 R,才能使标出的半径尺寸有半径符号 R,否则没有该符号。

图 6-43 所示为半径标注示例。

图 6-43　半径标注

6.5.2　折弯标注

圆弧或圆的中心位于布局之外并且无法在其实际位置显示时,使用"折弯标注"命令可以创建折弯半径标注,也称为"缩放的半径标注"。它与半径标注方法基本相同,只是可以在更方便的位置指定标注的原点代替圆或圆弧的圆心。

激活折弯标注命令的方法如下:

● 命令行:DIMJOGGED

● 下拉菜单:"标注" ⇨ "折弯"

● 功能区"注释"选项卡"标注"面板:"折弯"按钮 。

执行该命令的过程如下:

命令: _dimjogged

选择圆弧或圆:(选择圆弧 D)

指定中心位置替代:(拾取 A 点)

指定尺寸线位置或[多行文字(M)/文字(T)/角度(A)]:(拾取 B 点)

指定折弯位置:(拾取 C 点)

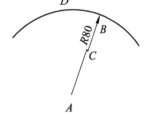

图 6-44　折弯标注

图 6-44 所示为折弯标注示例,此时,标注样式中"折弯标注"的折弯角度设置为 90°。圆心替代位置、折弯位置和尺寸线均可通过夹点操作进行编辑修改。

6.5.3　直径标注

直径标注可以标注圆和圆弧的直径尺寸。

激活直径标注命令的方法如下:

● 命令行:DIMDIAMETER。

● 下拉菜单:"标注" ⇨ "直径"。

● 功能区"注释"选项卡"标注"面板:"直径"按钮 。

执行该命令的过程如下:

命令: _dimdiameter

选择圆弧或圆:(选择要标注直径的圆或圆弧)

指定尺寸线位置或[多行文字(M)/文字(T)/角度(A)]:(指定尺寸线的位置)

注意:当通过"多行文字(M)"和"文字(T)"选项重新确定尺寸文字时,需要在尺寸文字前加前缀%%C,才能使标出的直径尺寸有直径符号φ。

6.5.4　角度标注

角度标注可以标注圆弧的圆心角、两条非平行直线间的夹角、或者不共线的三点间的夹角。

激活角度标注命令的方法如下:

- 命令行: DIMANGULAR。
- 下拉菜单:"标注" ⇨ "角度"。
- 功能区"注释"选项卡"标注"面板:"角度"按钮。

执行该命令过程如下:

命令: _dimangular

选择圆弧、圆、直线或 <指定顶点>:(选择图(a)中的斜线段)

指定角的第二个端点:(选择图(a)中的水平线段)

指定标注弧线位置或[多行文字(M)/文字(T)/角度(A)]:(向右上角拉出弧线的位置)

结果如图 6-45(a)所示。

在"选择圆弧、圆、直线或<指定顶点>:"提示下,用户可以选择圆或圆弧,或直接按 Enter 键。

- 如选择圆弧对象,系统会自动标注出圆弧起点和终点围成的扇形角度,如图 6-45(b)所示。
- 如选择圆对象,则标注出拾取的第一点和第二点间围成的扇形角度,如图 6-45(c)所示。
- 如直接按 Enter 键,则可以标注出三点间的夹角,且选取的第一点为夹角顶点。

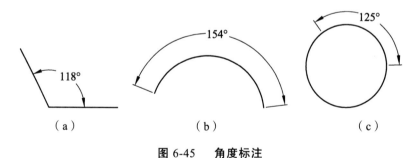

图 6-45　角度标注

6.6　快速标注

快速标注是指可以一次性标注连续或基线或并列的尺寸,可以一次性标注多个圆或圆弧的直径或半径。

激活快速标注命令的方法如下：

- 命令行：QDIM。
- 下拉菜单："标注" ⇨ "快速标注"。
- 功能区"注释"选项卡"标注"面板："快速标注"按钮▨。

执行"快速标注"命令，命令行将提示如下：

关联标注优先级=端点

选择要标注的几何图形：（选择需要标注尺寸的各图形对象）

指定尺寸线位置或[连续(C)/并列(S)/基线(B)/坐标(O)/半径(R)/直径(D)/基准点(P)/编辑(E)/设置(T)]<连续>：（分别选择"连续(C)""并列(S)""基线(B)""半径(R)"及"直径(D)"）

图 6-46 为快速标注的示例。

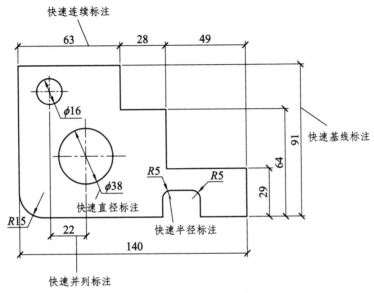

图 6-46　　快速标注示例

6.7　尺寸编辑

在 AutoCAD 中，用户可以对已经创建好的尺寸标注进行编辑修改，包括修改尺寸文字的内容、改变其位置、使尺寸文字倾斜一定角度等，还可以对尺寸界线进行编辑，而不必删除所标注的尺寸对象再重新进行标注。

可以使用 AutoCAD 的编辑命令或夹点来编辑标注的位置；当选中要编辑的尺寸标注，在绘图区单击右键时，AutoCAD 显示一个快捷菜单，快捷菜单上有编辑命令，如图 6-47 所示。在快捷菜单上选择"特性(S)"，则显示"特性"窗口，如图 6-48 所示，用户可以通过此"特性"窗口来修改标注。选中要编辑的尺寸，把鼠标放在某些夹点上也可以显示一个快捷菜单，通过选择菜单中命令进行对应尺寸编辑，如图 6-49 所示；用户还可以用"标注样式管理器"修改标注的样式。

图 6-47 "标注"快捷菜单　　图 6-48 "特性"窗口　　图 6-49 鼠标置于尺寸夹点的快捷菜单

6.7.1　编辑已标注尺寸的尺寸样式（标注更新）

1. 功能

用当前标注样式来更新图形中尺寸对象的原有标注样式。

2. 操作

单击功能区"注释"选项卡"标注"面板"标注更新"按钮 和"标注"下拉菜单中"更新"菜单项可进行尺寸标注更新，具体步骤如下。

命令：DIMSTYLE

当前标注样式：Standard

输入标注样式选项[保存(S)/恢复(R)/状态(ST)/变量(V)/应用(A)/?]<恢复>：a（输入应用选项）

选择对象：（选择要更新的尺寸对象）

3. 说明

（1）"保存(S)"选项：将当前的标注样式以一个新的标注样式名保存，并将新的标注样式置为当前样式。

（2）"恢复(R)"选项：将输入的标注样式设置为当前标注样式。

（3）"状态(ST)"选项：列出所有当前图形中命名的标注样式系统变量设置。

（4）"变量(V)"选项：列出输入的标注样式系统变量设置，但不修改当前设置。

（5）"应用(A)"选项：将选择的尺寸对象按当前的标注样式更新。

（6）"?"选项：列出当前图形中命名的标注样式。

6.7.2　编辑标注文字的内容

创建标注后，可以编辑或者替换标注文字的内容。通常修改标注文字内容的方法有以下几种：

（1）选择要修改的标注，调出"特性"窗口，在"特性"窗口的"文字"⇨"文字替代"框中输入新的标注文字，可替换已标注的实际测量值。

调出"特性"窗口有以下几种方式：① 从"修改"下拉菜单中选择"特性"；② 在"特性"面板中点击右下角图标▪；③ 选中要修改的标注，在绘图区单击鼠标右键，从弹出的快捷菜单中选择"特性"等。

（2）双击要修改的标注，尺寸数字即呈现灰色可编辑状态，通过修改其数值可实现标注文字内容的编辑。

（3）通过 DIMEDIT 命令，用户也可以编辑已有标注的文字内容，方法如下：

● 命令行：DIMEDIT

执行命令后，命令行将提示如下：

输入标注编辑类型[默认(H)/新建(N)/旋转(R)/倾斜(O)]<默认>:（输入 N，回车）

选择该选项后，系统将弹出"文字格式"编辑器，在文字输入窗口输入尺寸标注文字并单击"文字格式"工具栏中的"确定"按钮后，命令行提示如下信息：

选择对象：

在此提示下选择要编辑的尺寸标注对象，并按 Enter 键即可。

另外，通过 DIMEDIT 命令的"旋转(R)"选项，还可以使标注文字旋转一定的角度；"倾斜(O)"选项可以使非角度标注的尺寸界线倾斜一定的角度。

（4）使用下拉菜单"修改"⇨"对象"⇨"文字"⇨"编辑"，然后选中要修改的尺寸，会弹出"文字格式"编辑器，也可以实现对标注文字的修改。

注意：在"文字替代"框中输入的文字总是替换在"测量单位"框中显示的实际标注测量值。要标注实际的测量值，则把"文字替代"框中的文字删除。

如果要给标注的测量值添加前缀或后缀，可以在"文字替代"框中用尖括号（<>）代替测量值，在尖括号前面输入前缀，在尖括号后面可输入后缀。

可以使用"特性"窗口编辑包括标注文字在内的任何标注特性。在创建标注时，这些特性是由当前标注样式设置的。可以使用"特性"窗口查看和快速修改标注特性，例如线型、颜色、文字位置和由标注样式定义的其他特性。

6.7.3　编辑标注文字的位置

（1）用户可以修改尺寸标注中尺寸文字的位置，使其位于尺寸线上面左端、右端或中间，而且可使文本倾斜一定的角度。方法如下：

● 通过选择点击"注释"选项卡"标注"面板上的编辑标注文字位置图标 ⬡ ⊢◄ ◄◄ ◄⊣ ，实现文字位置的编辑。

- 下拉菜单："标注" ⇨ "对齐文字" ⇨除"默认"外的其他命令
- 命令行：DIMTEDIT。

选择需要修改的尺寸对象后，命令行将提示如下：

指定标注文字的新位置或[左(L)/右(R)/中心(C)/默认(H)/角度(A)]：

默认情况下，可以通过拖动光标来确定尺寸文字的新位置。

其各选项的含义如下：

- "左(L)"和"右(R)"选项：这2个选项仅对非角度标注起作用。它们分别决定尺寸标注文字是沿着尺寸线左对齐还是右对齐。

- "中心(C)"选项：可以将尺寸标注文字放在尺寸线的中间。

- "默认(H)"选项：可以按默认位置及方向放置尺寸文字。

- "角度(A)"选项：可以旋转尺寸文字，需要指定一个角度值，此时尺寸文字的中心点不变，使文本沿给定的角度方向排列。

（2）编辑标注文字的位置还可通过快捷菜单实现。首先选中要编辑的尺寸标注，左键单击尺寸数字上的夹点，然后再单击鼠标右键，AutoCAD会弹出一个快捷菜单，如图6-50，在快捷菜单上有各种编辑标注文字位置的命令，通过选择不同的选项，即可实现标注文字位置的修改。

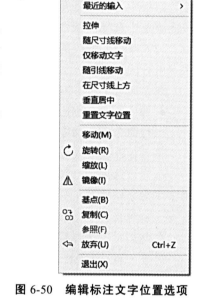

图 6-50　编辑标注文字位置选项

6.7.4　尺寸标注的其他编辑

1. 夹点编辑

夹点编辑是修改标注最快、最简单的方法。

对于线性标注和角度标注有5个夹点，对于半径和直径标注有3个夹点。选中标注后，在尺寸上显示出蓝色的小方块即为夹点。如选中某线性标注后，通过点击尺寸界线端部的夹点并拖动鼠标，可以改变标注的范围或尺寸界线的长度；通过点击尺寸线端部的夹点并拖动鼠标，可以改变尺寸线的位置；通过点击尺寸数字上的夹点并拖动鼠标，可以改变尺寸数字的位置。

2. 使标注倾斜

AutoCAD一般创建与尺寸线垂直的尺寸界线，然而，如果尺寸界线与图形中的其他对象发生冲突，可以修改它们的角度，使现有的标注倾斜不会影响新的标注，如图6-51所示。

使尺寸界线倾斜的步骤：

（1）从下拉菜单选择"标注" ⇨ "倾斜"；或者命令行输入 DIMEDIT命令选择"倾斜(O)"选项。

（2）选择标注。

（3）直接输入尺寸线倾斜角度或通过指定两点确定角度。

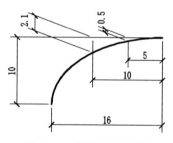

图 6-51　倾斜尺寸界线

6.8 尺寸标注综合举例

首先，设置土木工程图的尺寸标注样式，设置的方法见6.3。

在完成尺寸标注样式设置后，把图6-52所示图形，按照下列步骤标注尺寸后，得到如图6-53所示标注尺寸后的图形。

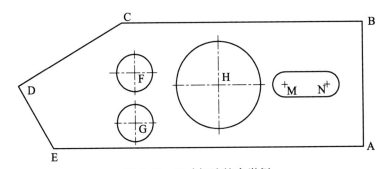

图 6-52　尺寸标注综合举例

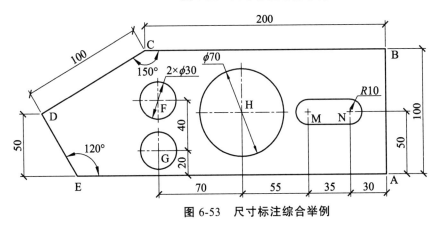

图 6-53　尺寸标注综合举例

在这个例子中，用到了线性标注、连续标注、基线标注、对齐标注、角度标注、半径标注、直径标注等标注方法。过程如下：

命令：_dimlinear（线性标注命令）

指定第一条尺寸界线原点或 <选择对象>：（捕捉 G 点）

指定第二条尺寸界线原点：（捕捉 H 点）

指定尺寸线位置或[多行文字(M)/文字(T)/角度(A)/水平(H)/垂直(V)/旋转(R)]：（指定尺寸线位置）

标注文字 = 70

命令：_dimcontinue（连续标注命令）

指定第二条尺寸界线原点或[放弃(U)/选择(S)]<选择>：（捕捉 M 点）

标注文字 = 55

指定第二条尺寸界线原点或[放弃(U)/选择(S)]<选择>：（捕捉 N 点）

标注文字 = 35

指定第二条尺寸界线原点或[放弃(U)/选择(S)]<选择>：（捕捉 A 点）

标注文字 = 30

指定第二条尺寸界线原点或[放弃(U)/选择(S)]<选择>：（回车）

选择连续标注：（回车）

命令：_dimlinear（线性标注命令）

指定第一条尺寸界线原点或 <选择对象>：（捕捉 A 点）

指定第二条尺寸界线原点：（捕捉 N 点）

指定尺寸线位置或[多行文字(M)/文字(T)/角度(A)/水平(H)/垂直(V)/旋转(R)]：（指定尺寸线位置）

标注文字 = 50

命令：_dimbaseline；（基线标注命令）

指定第二条尺寸界线原点或[放弃(U)/选择(S)]<选择>：（捕捉 B 点）

标注文字 = 100

指定第二条尺寸界线原点或[放弃(U)/选择(S)]<选择>：（回车）

选择基准标注：（回车）

命令：_dimlinear；（线性标注命令）

指定第一条尺寸界线原点或 <选择对象>：（捕捉 B 点）

指定第二条尺寸界线原点：（捕捉 C 点）

指定尺寸线位置或[多行文字(M)/文字(T)/角度(A)/水平(H)/垂直(V)/旋转(R)]：（指定尺寸线位置）

标注文字 = 200

命令：_dimlinear；（线性标注命令）

指定第一条尺寸界线原点或 <选择对象>：（捕捉 D 点）

指定第二条尺寸界线原点：（捕捉 E 点）

指定尺寸线位置或[多行文字(M)/文字(T)/角度(A)/水平(H)/垂直(V)/旋转(R)]：（指定尺寸线位置）

标注文字 = 50

命令：_dimlinear；（线性标注命令）

指定第一条尺寸界线原点或 <选择对象>：（捕捉 F 点）

指定第二条尺寸界线原点：（捕捉 G 点）

指定尺寸线位置或[多行文字(M)/文字(T)/角度(A)/水平(H)/垂直(V)/旋转(R)]：（指定尺寸线位置）

标注文字 = 40

命令：_dimcontinue；（连续标注命令）

指定第二条尺寸界线原点或[放弃(U)/选择(S)]<选择>：（捕捉 E 点）

标注文字 = 20

指定第二条尺寸界线原点或[放弃(U)/选择(S)]<选择>：（回车）

选择连续标注：（回车）

命令：_dimaligned；（对齐标注命令）

指定第一条尺寸界线原点或 <选择对象>：（捕捉 C 点）

指定第二条尺寸界线原点：（捕捉 D 点）

指定尺寸线位置或[多行文字(M)/文字(T)/角度(A)]:（指定尺寸线位置）

标注文字 = 100

命令：_dimangular;（角度标注命令）

选择圆弧、圆、直线或 <指定顶点>:（在 CD 直线上选择一点）

选择第二条直线:（在 CB 直线上选择一点）

指定标注弧线位置或[多行文字(M)/文字(T)/角度(A)/象限点(Q)]:（指定尺寸线位置）

标注文字 = 150

命令：_dimangular;（角度标注命令）

选择圆弧、圆、直线或 <指定顶点>:（在 EA 直线上选择一点）

选择第二条直线:（在 ED 直线上选择一点）

指定标注弧线位置或[多行文字(M)/文字(T)/角度(A)/象限点(Q)]:（指定尺寸线位置）;

标注文字 = 120

命令：_dimdiameter;（直径标注命令）

选择圆弧或圆:（在圆 F 上选择一点）

标注文字 = 30

指定尺寸线位置或[多行文字(M)/文字(T)/角度(A)]:（输入 m，回车，屏幕出现文字格式编辑器，在测量值前输入前缀"2×"，点击确定按钮。乘号"×"在前述定义的文字样式 GB 下，输入"*"号即可显示。）

指定尺寸线位置或[多行文字(M)/文字(T)/角度(A)]:（指定尺寸线位置）

命令：_dimdiameter;（直径标注命令）

选择圆弧或圆:（在圆 H 上选择一点）

标注文字 = 70

指定尺寸线位置或[多行文字(M)/文字(T)/角度(A)]:（指定尺寸线位置）

命令：_dimradius;（半径标注命令）

选择圆弧或圆:（在半圆 N 上选择一点）

标注文字 = 10

指定尺寸线位置或[多行文字(M)/文字(T)/角度(A)]:（指定尺寸线位置）

6.9 上机实验

实验 1 建立符合土木工程图标准的尺寸标注样式

1. 目的要求

掌握尺寸标注样式的设置，创建一个或多个符合行业、项目或国家标准的尺寸标注样式来标注尺寸。

2. 操作指导

按照《技术制图》国家标准、《房屋建筑制图统一标准》（GB/T 50001—2020）和《建筑制图标准》（GB/T 501042017）中的有关规定，按 1：1 的比例，建立线性、半径、直径和角度尺寸等的标注子样式，相对于默认的 ISO-25 基础样式而言，对于新样式，仅修改那些与基础样式特性不同的特性，以下内容必须设置：

① "基线间距" 为 7 ~ 10。

② "超出尺寸线" 为 "2"。

③ 线性尺寸箭头形式为 "建筑标记"，半径、直径和角度的尺寸箭头形式为 "实心闭合"。

④ 尺寸文字的高度为 3.5，为尺寸文字建立的文字样式中的字体，建议采用国标直体（gbenor.shx）或国标斜体（gbeitc.shx）。

⑤ 尺寸文字的 "单位格式" 选 "小数"，"精度" 为 "0"。

实验 2 绘制如图 6-54 所示的图形并标注尺寸

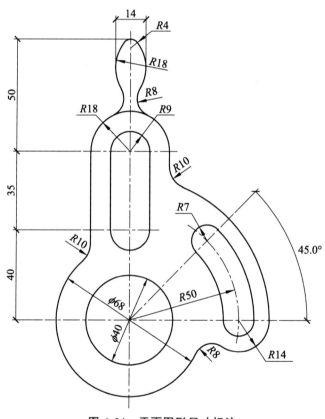

图 6-54 平面图形尺寸标注

1. 目的要求

通过平面图形的尺寸标注，掌握尺寸标注样式设置、尺寸标注方法和尺寸标注编辑。

2. 操作指导

先建立线性、半径、直径和角度的尺寸标注子样式，然后标注下图尺寸，当尺寸箭头和尺寸文字位置不佳时，用尺寸编辑命令调整。

实验 3 绘制并标注图 6-55、图 6-56 中所示图形

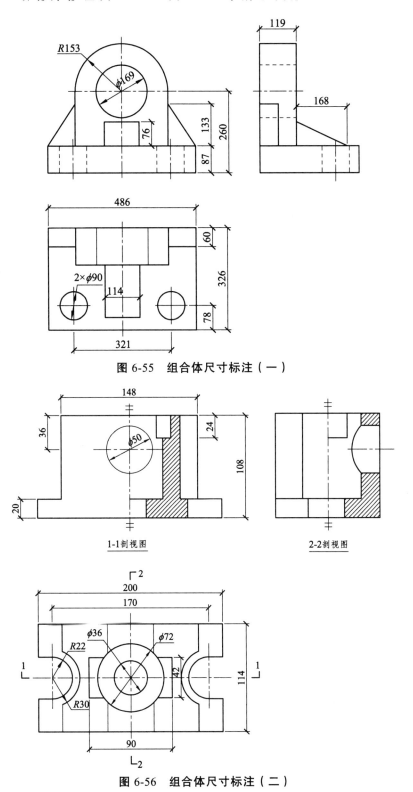

图 6-55 组合体尺寸标注（一）

图 6-56 组合体尺寸标注（二）

1．目的要求

利用本章所学的尺寸标注命令及前面所学的二维绘图和编辑命令，绘制图 6-55、图 6-56 中所示的图形并标注尺寸。

2．操作提示

读者可参照本书中例题自己来试着进行各种命令的操作。

第7章 图块和图块属性

工程制图中，经常会遇到一些要反复使用的图形，如机械图中的螺栓、螺母、表面粗糙度，房屋施工图中的门、窗、标高等，这些图形在 AutoCAD 中都可以由用户定义成图块，并在需要绘制该图形的地方将该图块进行插入，以达到重复利用的目的。

本章主要介绍以下内容：图块的特点及用途，图块的定义，图块的插入，图块属性的概念与特点，属性的定义，属性的编辑，属性的显示控制。

7.1 图 块

7.1.1 图块的特点及用途

图块是由多个对象组成并赋予块名的一个整体，可以随时将它作为一个单独的对象插入当前图形中指定的位置，而且可以在插入时指定不同的缩放比例系数和旋转角。插入图形中的块可以进行移动、删除、复制、比例缩放、镜像和阵列等操作。

图块的主要作用如下：

（1）建立图形库。在机械设计和土木工程设计中，经常会遇到一些重复使用的图形，如螺钉、螺栓、螺母、表面粗糙度，房屋建筑施工图中的门、窗、标高以及每一张图纸的标题栏等，如果把这些经常使用的图形定义成块，并以图形文件的形式保存在磁盘上，就形成了一个图形库。当需要某个图形时，就将其插入图中，这样可以避免许多重复性的工作。

（2）便于图形的修改。对于一个多次插入了同一图块的图形，只需对其中一个图块进行修改，则图中所有引用该块的地方都会自动更新。

（3）便于图形的编辑。相较于对选定各个几何对象进行操作，使用图块可以更快地插入、旋转、缩放、移动和复制块图形。

（4）可以携带属性。块可以携带文本信息，称之为属性。在每次插入块时，这些文本信息可以改变，从而可以得到不同的文本值内容。

（5）可以减小图形文件大小。通过插入多个块而不是复制对象几何图形，可以减小图形的文件大小。

7.1.2 块的定义

在 AutoCAD 中使用块可以大大提高绘图效率，但在使用块之前必须先定义块。块定义中的所有块信息（包括其几何图形、图层、颜色、线型和块属性对象）均作为非图形信息存储在图形文件中。插入的每个块是对块定义的"块参照"。块参照通常简单地称为"块"。定义块的前提是将组成块的图形预先绘制出来，然后将这些对象定义成块。

1．定义块的途径

- 功能区："默认"选项卡⇨"块"面板⇨"创建块" 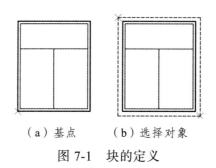。
- 功能区："插入"选项卡⇨"块定义"面板⇨"创建块" 。
- 菜单："绘图"⇨"块"⇨"创建…" 。
- 命令行：Block（简化命令 B）。

2．定义块的方法和步骤

下面以图 7-1 所示的窗户为例，说明块定义的方法和步骤。

（a）基点　　　（b）选择对象

图 7-1　块的定义

（1）用上述 4 种途径之一激活"块定义"对话框，如图 7-2 所示。

图 7-2　"块定义"对话框

（2）在对话框的"名称"列表框中输入块名，如 window。

（3）单击"基点"区的"拾取点"按钮，对话框暂时从屏幕消失。此时可以用鼠标在图形区指定一点作为块的插入基点，如图 7-1（a）所示。一般应将基点选在块的中心、左下角或其他特殊的位置，以便插入时定位（插入时，基点与光标重合）。如窗户的基点就选在其左下角。

（4）单击"对象"区的"选择对象"按钮，对话框暂时消失，可用各种选择对象的方法选择构成块的对象，图 7-1（b）表示用窗口的方法选择对象。

170

（5）单击"确定"按钮，完成块的定义。

注：若选中"对象"区中的"保留"选项，则定义完块后，被选中的对象仍保留在当前图形中；若选中"对象"区中的"转化为块"选项，则定义完块后，被选中的对象转化成一个图块；若选中"对象"区中的"删除"选项，则定义完块后，被选中的对象从屏幕消失，此时若希望保留原对象，只要执行"oops"命令（从键盘输入"oops"并回车）即可。建议在定义块时，选择"保留"。

7.1.3　保存块

以上定义的图块，一般只在图块所在的当前图形文件中使用，不便于被其他图形文件引用。要使图块成为公共图块，可用写块命令将图块或对象单独保存到一个图形文件（*.DWG）中。

1. 保存块的途径

- 功能区："插入"选项卡⇨"块定义"面板⇨"创建块" 下拉"写块" 。
- 命令行：Wblock（简化命令 W）。

2. 保存块的方法和步骤

（1）用上述两种途径之一激活"写块"对话框，如图 7-3 所示。

图 7-3　"写块"对话框

（2）在对话框的"文件名和路径"文本框中输入要存盘的块文件的名称及路径。可以利用文本框右边的按钮，浏览指定块文件要保存的路径。

（3）在"源"区中确定块的定义范围。其中，"块"指以前定义过的但还没有保存的块，若没有定义过块，则该项不能使用；"整个图形"指当前已绘制的图形；"对象"指通过选择部分对象来组成块。

（4）对话框中的"基点"区、"对象"区的意义与"块定义"相同。若选中了"源"区中的"块"选项，则"基点"区和"对象"区将拒绝用户使用，因为以前定义块时已经确定了插入基点和构成图块的对象。

（5）单击"确定"按钮，完成块的存盘。

7.1.4　块的插入

1. 可以插入块的源

- 当前图形中定义的块；
- 作为块插入到当前图形中的其他图形文件；
- 其他图形文件中定义的块，可以插入当前图形中。

2. 插入块

用户可以使用以下方法将块源插入当前图形中：

- 功能区库；
- "块"选项板；
- 工具选项板；
- 设计中心。

下面对这几种方法分别加以介绍。

（1）使用功能区库插入块。

当有要快速插入的少量块时，可以使用功能区库插入块，激活方式有以下两种：

- 功能区："默认"选项卡⇨"块"面板⇨ 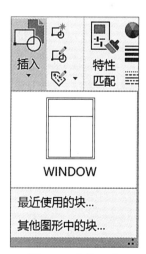 。
- 功能区："插入"选项卡⇨"块"面板⇨

单击功能区"块"面板的插入按钮，显示当前图形中块定义的库（该库显示当前图形中的所有块定义），如图 7-4 所示。单击所显示功能区库中的块图指定插入点，对应的块即可放置到当前图形文件中。

（2）使用"块"选项板插入块。

当在图形中使用适当数量的块时，"块"选项板设计用于提供快速访问。

- 功能区："块"面板⇨按钮（"最近使用的块…"或"其他使用的块…"）。
- 命令行：Insert（简化命令 I）或 Blockspalette。

步骤如下：

① 使用上述任意方法打开"块"选项板，如图 7-5 所示。

图 7-4　功能区库

172

图 7-5 "块"选项板

② 根据块源位置，在"块"选项板中选择"最近使用"或"当前图形"选项卡，选择要插入的块名。如果要插入的块不在当前图形文件内（如存盘块），单击"其他图形"选项卡列表框右边的"…"浏览按钮，可以选择要插入的块所在的路径及名称。

③ 在选项区中，选中"插入点"前的复选框，以便在插入块时用光标在屏幕上指定插入点；在"比例""旋转"两个选项区中直接指定比例、旋转角参数，缺省的缩放比例为 1，缺省的旋转角为 0°。

④ 如果需要重复放置，选中"重复放置"前的复选框。

⑤ 如果要将块中的对象作为多个独立的对象而不是单个块插入，请选择"分解"。

⑥ 点击选中预插入图块，在绘图窗口等待指定插入点。将光标移到所需的位置单击鼠标左键，即完成图块的插入。（通常利用对象捕捉来确定插入点。）

（3）使用工具选项板插入块。

"工具选项板"窗口专为使用各种块的情况设计，提供有许多选项卡，可以为相关块和专业工具集创建自定义选项卡。通过将块工具拖动到图形中，或单击块工具然后指定插入点，可以从工具选项板上插入块。打开"工具选项板"窗口（图 7-6）的方法有：

图 7-6 "工具选项板"窗口

- 功能区："视图"选项卡⇨"选项板"面板⇨按钮 。
- 菜单："工具"⇨"选项板"⇨按钮 工具选项板(T)。
- 命令行：Toolpalettes。

（4）使用设计中心插入块。

"设计中心"窗口用于从现有图形和图形库中浏览和选择各种定义。这些定义包含块、图层、线型和其他内容。设计中心提供一种快速、可视的方式在当前图形或其他图形中拖放块。双击块名以指定块的精确位置、旋转角度和比例。打开"设计中心"窗口（图 7-7）的方法有：

- 功能区"视图"选项卡⇨"选项板"面板⇨按钮 。
- 菜单："工具"⇨"选项板"⇨ 按钮 设计中心(D)。
- 命令：Adcenter 或 Designcenter。

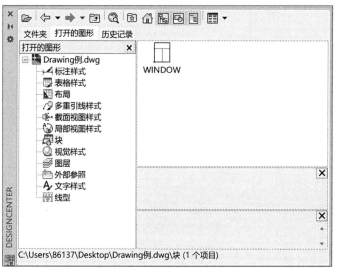

图 7-7 "设计中心"窗口

使用设计中心插入块的步骤如下：

① 使用上述任意方法打开"设计中心"窗口。

② 在设计中心工具栏上单击"树状图切换"。

③ 在树状图中，导航到包含要插入的块定义的图形文件。

④ 展开图形文件下的列表，然后单击"块"以显示图形中块定义的图像。

⑤ 执行以下操作之一来插入块。

a. 将块图像拖动到当前图形中（选中块图形，按住鼠标左键从"设计中心"窗口拖到绘图窗口）。如果要快速插入块，请使用此选项。

b. 双击要插入的块的图像，打开"插入"对话框。如果在插入块时要指定其确切的位置、旋转角度和比例，请使用此方法。

注：将要插入的块从设计中心拖到绘图窗口，在捕捉到插入点以前不要松开鼠标。

在使用"块"选项板、工具选项板或设计中心插入块时，可以固定选项板和设计中心，然后打开"自动隐藏"，以方便和高效地使用绘图区域。

7.1.5　块的编辑与修改

块在插入图形中之后，表现为一个整体，我们可以对这个整体进行删除、复制、镜像、旋转等操作，但是不能直接对组成块的对象进行操作，也就是说不能直接修改块在库中的定义。AutoCAD 提供了 3 种方法对块的定义进行修改，分别是块的分解+重新定义、块的在位编辑、使用块编辑器进行编辑。

1. 块的分解+重新定义

（1）分解命令（"默认"选项卡⇨"修改"面板： 🔳 ）可以将块由一个整体分解成组成块的原始对象，然后可以对这些对象执行任意的修改。

执行分解命令后，在命令提示下选择需要分解的块，选择完毕按回车键后，块就被分解成零散的对象，此时可以对这些对象进行编辑。需要注意的是，只有在创建块的时候选中块定义对话框中的"允许分解"复选框，该块才能被分解。

（2）块的重定义。对分解后的块的编辑仅仅停留在图面上，并不改变块的定义。此时若再次插入这个块，依旧是原来的样子。要使插入的块发生变化，必须将编辑修改后的对象重新定义成同名块，这样块的定义才会被修改，再次插入这个块的时候，会变成新定义好的块。

重定义块常常用于成批修改一个块。比如说某个图块在图形中被插入了很多次，后来发现这个块的图形并不符合要求，需要全部变成另外的样式，这时只要将其中的一个块分解，对分解后的图形进行编辑修改，然后仍以原来的基点和名称重新定义图块，完成后图中全部同名块将会被修改成新的样式。

块的重新定义和创建块的过程一样，只是在选择块名的时候可以选择"名称"下拉列表中的已有块名。下面通过一个例子来说明块的重新定义。

如图 7-8 所示，图 7-8（a）为先前定义的块，块名为"windows"，该块被多次插入到立面图中，如图 7-8(b)所示。现在要将立面图中的窗户改成上部为整块固定玻璃[见图 7-8(d)]，此时只要将图 7-8（b）中的任意一个窗户复制到空白处，然后将其分解并修改成 7-8（c）所示的形式，然后按以下过程重新定义图块：

（1）激活命令 Block，弹出"块定义"对话框，在"名称"下拉列表框中选择"windows"，单击"基点"选项区的"拾取点"按钮，然后在图形窗口中拾取窗户左下角点作为块的插入基点（与原插入基点相同）。

（2）单击"对象"选项区域的"选择对象"按钮，然后在图形窗口中以窗选模式选择修改过的窗户，选择完后按回车键（鼠标右键），回到"块定义"对话框，单击"确定"按钮，此时 AutoCAD 会弹出一个警告信息框，提示"windows 已定义为此图形中的块，希望重新定义此块参照吗？"单击"重新定义块"按钮，完成块的重定义。

此时图中所有的窗户变成上部为整块固定玻璃窗户，如图 7-8（d）所示。

（a）　　　　　　　　　　　　　　　（b）

（c）　　　　　　　　　　　　　　　（d）

图 7-8　　块的成批修改

2. 块的在位编辑

除了前面讲到的重新定义方法，AutoCAD 还有一个"在位编辑"的工具供用户直接修改块定义。所谓在位编辑，就是在原来图形的位置上进行编辑，不必分解块就可以直接对它进行修改，而且可以不必理会插入点的位置。

在位编辑块的激活方式如下：

● 选择要编辑的块，在其右键快捷菜单中选择"在位编辑块"命令。

● 命令行：refedit。

下面举例说明如何进行块的在位编辑。

（1）单击立面图右下方的窗户块，然后鼠标右击，在弹出的快捷菜单中选择"在位编辑块" 命令，如图 7-9 所示，打开如图 7-10 所示的"参照编辑"对话框。这个对话框中显示出要编辑的块的名字"WINDOW"。

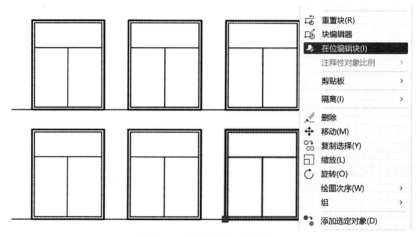

图 7-9　例图及命令选择

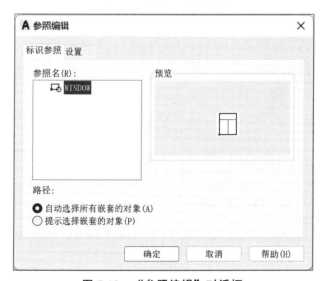

图 7-10　"参照编辑"对话框

（2）单击"确定"按钮，AutoCAD 进入参照和块编辑的状态，除了块定义的图形之外，其他图形全部褪色，并且除了当前正在编辑的图形外，看不到其他插入进去的相同的块，如图 7-11 所示。同时，功能区出现如图 7-12 所示的"编辑参照"面板。

（3）在参照和块在位编辑状态下，可以如一般图形编辑那样对块进行修改。删去窗户上部的一条横线，竖线延伸至窗框顶部。完成对块定义的修改后，单击"编辑参照"面板的"保存修改"按钮。此时弹出如图 7-13 所示的警告信息框。要保存对参照的修改，请单击"确定"；要取消命令，请单击"取消"。单击"确定"按钮，回到图形窗口。修改后的立面图如图 7-14 所示。

图 7-11　参照和块在位编辑的状态

图 7-12　"编辑参照"面板

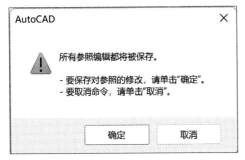

图 7-13　警告信息框

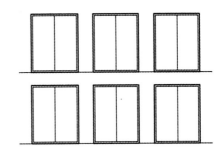

图 7-14　在位编辑"WINDOW"后的立面图

3. 使用块编辑器进行编辑

打开块编辑器的方式如下：

- 双击要编辑的块；
- 命令行：Bedit。

使用上面任意方式打开"编辑块定义"对话框，选择要编辑的块，单击"确定"按钮打开"块编辑器"选项卡，如图 7-15 所示，编辑修改图形，然后单击"打开/保存"面板的"保存块"按钮保存修改。

图 7-15　"块编辑器"选项卡

注："块编辑器"还可以编辑修改块的动态参数及行为等，这里不加表述。

7.2　图块属性

7.2.1　属性的概念及特点

1. 属性的概念

属性是从属于块的文本信息。如果某个图块带有属性，那么用户在插入图块时，可根据具体情况，通过属性来为图块设置不同的文本对象。例如房屋建筑制图中，标高值有 3.000、

4.500、6.000 等，用户可以在标高的图块中将标高值定义为属性，当每次插入标高图块时，AutoCAD 将自动提示用户输入标高的数值。

2. 属性的特点

（1）属性包含属性标记和属性值两方面内容。例如一张图纸的标题栏中，有图名（drawingname）、比例（scale）等内容，具体到每一张图纸，都有各自的图名（如：底层平面图）和比例（如：1∶100）。drawingname 和 scale 指的是哪类信息，称为属性标记，而"底层平面图"和"1∶100"表示的是某类信息中的具体信息，称为属性值。

（2）在定义带属性的块之前，要先定义属性，即规定属性标记、属性提示、属性缺省值、属性的可见性、属性在图中的位置等。属性定义后以其标记在图中显示出来，把有关的信息保留在图中。

（3）在插入块时，系统用属性提示要求用户输入属性值。因此，同一个块在插入时，可以有不同的属性值。

（4）块插入后，用户可以用 Attedit（或 Textedit 命令）对属性值进行修改。

7.2.2　属性的定义

1. 激活定义属性

- 功能区："插入"选项卡 ⇨ "块定义"面板 ⇨ "定义属性"按钮 。
- 菜单："绘图" ⇨ "块" ⇨ "定义属性"。
- 命令行：Attdef。

2. 定义属性

以上述三种途径之一激活"属性定义"命令后，弹出"属性定义"对话框，如图 7-16 所示。

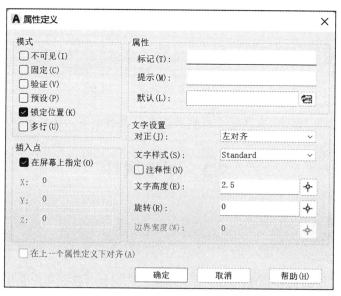

图 7-16　"属性定义"对话框

对话框中各选项作用介绍如下。

● 模式：确定块插入后属性的可见性、属性是常量还是变量、插入时是否验证属性值的正确性、是否采用默认值、是否锁定属性在块中的位置、属性文本是否为带格式的多行文字。一般情况下模式区可以取缺省值。

● 属性：确定属性标记、属性提示、属性默认值。这三项直接在文本框中输入，默认值可以为空。

● 插入点：指定属性在块中的位置。一般勾选"在屏幕上指定"复选框，这样在单击"确定"按钮之后就可以在绘图区中直接指定插入点。

● 文字设置：规定文字的对齐方式、文字样式、文字的高度和文字的旋转角度。

● 在前一个属性的下方对齐：表示该属性采用上一个属性的字体、字高及倾斜角度，且与上一个属性对齐。若未定义过属性，则该项不能用。

3. 举例

定义标注标高的图块，并使在插入该块时能实时地输入标高的值。步骤如下：

（1）按国家标准规定绘制标高的图形符号，如图 7-17 所示。

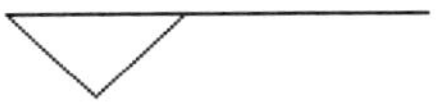

（2）单击菜单："绘图" ⇨ "块" ⇨ "定义属性"，弹出"属性定义"对话框。

图 7-17　标高符号

（3）在"属性"区的"标记""提示"文本框分别输入"BG"、"请输入标高值:"。

（4）在"文字选项"区的"对正""文字样式"下拉列表框中分别选取"左""gb"（预先定义，关联字体文件为 gbenor.shx 和 gbcbig.shx），在"高度"文本框中输入与标高图形符号大小相适应的值，作为属性的高度，如"3.0"（假设房建图缩小到 1/100 绘制）。此时对话框内容如图 7-18 所示。

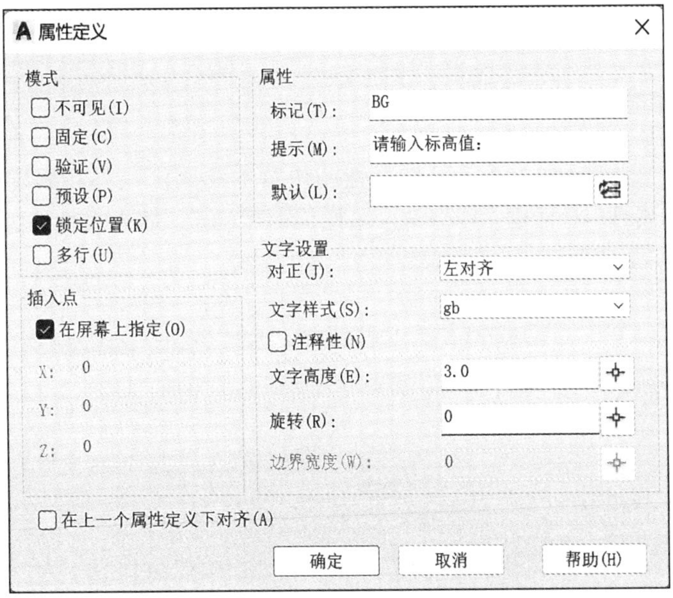

图 7-18　例题"属性定义"对话框

（5）单击"确定"按钮，AutoCAD 切换到图形窗口，等待指定属性的插入点。在三角形右上角上方选取一点，使其与水平线保持适当的距离，结果如图 7-19 所示。至此属性定义结束。下面将把属性和图形符号一起定义成图块。

（6）激活"块定义"对话框。

（7）在对话框的"名称"列表框中输入块名"标高"。

图 7-19 属性以其标记在图中显示

（8）单击基点区的"拾取点"按钮，利用对象捕捉拾取三角形下角点。

（9）单击"对象区"的"选择对象"按钮，在绘图区选取标高符号和属性标记。此时"块定义"对话框的内容如图 7-20 所示。

（10）单击"确定"按钮，完成块定义。以后就可以用块名为"标高"的块来标注标高了。

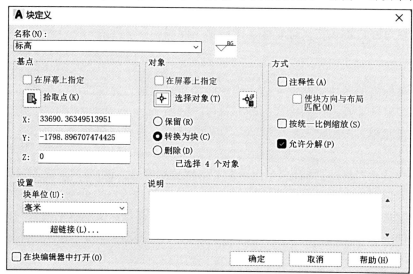

图 7-20 "块定义"对话框

7.2.3 插入一个带属性的块

插入一个带有属性的块与插入不带属性的块基本相同，只是在确定插入点后弹出如图 7-21 所示的"编辑属性"对话框，等待输入属性值而后确定。插入属性值为 12.500 的前例"标高"图块，如图 7-22 所示。

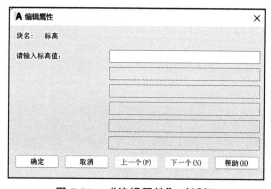

图 7-21 "编辑属性"对话框

12.500

图 7-22 带属性的"标高"块

7.2.4 编 辑 属 性

1. 编辑属性定义

在未组成图块以前，可以用 Textedit 命令修改属性定义。可以通过下面途径之一激活 Textedit 命令：

- 双击属性文字；
- 菜单："修改" ⇨ "对象" ⇨ "文字" ⇨ "编辑"；
- 命令行：Textedit。

修改属性定义的操作步骤如下：

（1）激活 Textedit 命令。

（2）拾取要修改的属性标记，弹出"编辑属性定义"对话框，如图 7-23 所示。

图 7-23 "编辑属性定义"对话框

（3）在"编辑属性定义"对话框中指定和修改属性标记、提示和缺省值。然后单击"确定"按钮。

2. 编辑附着在块中的属性

插入块之后属性的编辑命令是 Eattedit，可以通过下面 4 种途径之一激活 Eattedit 命令：

- 菜单："修改" ⇨ "对象" ⇨ "属性" ⇨ "单个"；
- 功能区："默认"或"插入"选项卡 ⇨ "块"面板：编辑属性按钮▼；
- 命令行：Eattedit（或 Textedit）；
- 直接在附带属性的块上双击。

编辑附着在块中的属性的步骤如下：

（1）激活 Eattedit，弹出"增强属性编辑器"对话框，如图 7-24 所示。

（2）选中对话框中的"属性"选项卡可以修改属性值，如将属性值改为"16.000"；选中"文字选项"可以修改文字样式、对正方式、文字高度、宽度比例、旋转角度等特性；选中"特性"选项卡可以修改文字的图层、线型、颜色、线宽等特性。

修改完毕后单击"确定"按钮，结果如图 7-25 所示。

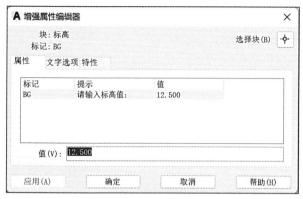

图 7-24　"增强属性编辑器"对话框

图 7-25　修改属性后的块

3. 调整属性提示的显示顺序

可以通过下面途径之一激活 Battman 命令，打开"块属性管理器"对话框（图 7-26）：
- 菜单："修改" ⇨ "对象" ⇨ "属性" ⇨ "块属性管理器"；
- 功能区"默认"或"插入"选项卡⇨"块"面板⇨"块属性管理器"按钮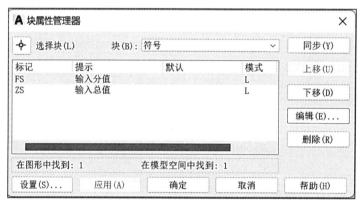；

- 命令行：Battman。

图 7-26　"块属性管理器"对话框

7.2.5　控制属性的可见性

属性的显示状态（可见或不可见）是可以改变的。控制属性的显示状态有以下两种方法：

（1）菜单："视图" ⇨ "显示" ⇨ "属性显示"，显示出三种选择：普通、开和关，如图 7-27 所示，用户可根据需要进行选择。

（2）命令行：Attdisp，回车，AutoCAD 提示：

输入属性的可见性设置[普通(N)/开(ON)/关(OFF)]<当前值>：

用户只要输入所需要的选项即可。各选项的意义如下：
- 正常(N)：恢复成原定义状态
- 开(ON)：所有属性均可见
- 关(OFF)：所有属性均不可见

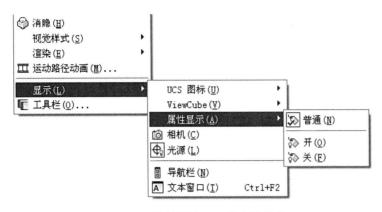

图 7-27 控制属性显示状态的菜单

7.3 上机实验

实验目的：通过第 1 题练习掌握块的定义与插入的方法；通过第 2、3 题练习，掌握属性的定义以及带属性的图块的插入方法。

1. 先绘制图 7-28（a）所示图形（不注尺寸），并将其定义成图块（不包含对称中心线）；然后用块插入的方法绘制图 7-28（b）所示图形。插入时，比例因子取 0.5。

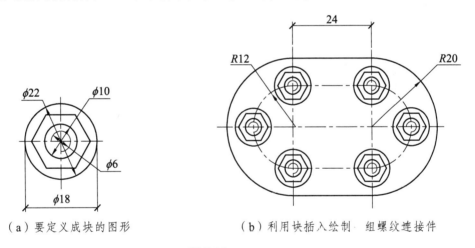

（a）要定义成块的图形   （b）利用块插入绘制一组螺纹连接件

图 7-28

2. 绘制图 7-29（a）所示窗户，并将该窗户定义成块，利用该块绘制图 7-29（b）所示房屋立面图；将标高定义成带属性的块，通过插入带属性的块，标注窗台、窗户顶、墙顶、室外地面标高。窗户宽 1500，高 1800，窗台板厚 120，窗扇的宽度和高度方向的分格均按三等分处理（注：房屋立面图是不标注长度尺寸的，此处标注尺寸只是为了作图方便；右侧窗户顶的标高可由左侧窗台标高经过两次镜像并作适当编辑而得到）。

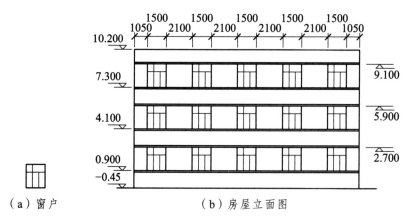

（a）窗户　　　　　　　　　　　　（b）房屋立面图

图 7-29

3. 图 7-30 是工程图纸中的简易标题栏，将该标题栏定义成带有属性的块。标题栏中带括号的文字定义为属性，不带括号的文字用单行文字（或多行文字）命令书写。定义成块后，利用块插入的方法得到标题栏并实时输入属性值。

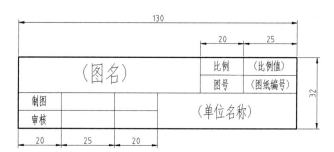

图 7-30

第8章 工程图的绘制与输出

使用 AutoCAD 绘制工程图与使用尺规绘制工程图一样，需要遵守制图规则，确保绘制的工程图符合制图规范要求。同时为了提高绘图速度，应充分发挥 AutoCAD 绘图的强大的编辑功能，合理使用图层、图块等。

当绘制大量工程图时，可以将常用的基本设置保存成样板文件，使用时直接调用样板文件，从而达到提高工作效率的目的。

本章介绍绘制工程图的绘制步骤、绘图的基本设置、工程图样的比例和输出。

8.1 工程图绘制步骤

利用 AutoCAD 2020 绘制工程图包含如下几个步骤：
（1）调用合适的样板文件，创建新文件。
（2）根据绘图需要，设置单位和精度。
（3）创建绘图所需的图层，图层的设置应方便绘图操作。
（4）定义文字样式和尺寸样式。
（5）绘制工程图中的图形部分。
（6）绘制图幅、图框和标题栏，并书写标题栏中的文字。
（7）确定当前工程图的比例，将绘制好的工程图与图幅匹配。
（8）调整标注样式，完成图中的尺寸标注。
（9）调整文字样式，书写图中技术要求等文字内容。
（10）保存、退出。

使用 AutoCAD 绘图非常灵活方便，如果遇到前期规划不满足实际使用的情况，比如缺少某种图层、文字样式与需要使用的样式不符等问题，可以随时对设置进行修改。图中与比例相关的内容应尽量在比例确定后再绘制，否则可能造成图纸不符合要求的问题。

8.2 绘图的基本设置和样板文件

绘制工程图应以制图标准为依据，使图纸表达清晰、准确。

8.2.1 绘图的基本设置

1. 创建新文件

进入 AutoCAD 2020 界面后，利用"新建"命令创建新图形文件，将弹出"选择样板"

对话框，如图 8-1 所示。

图 8-1 "选择样板"对话框

"选择样板"对话框的文件列表中列出了 AutoCAD 2020 提供的样板文件，软件已有的样板与我们的制图标准有所不同，因此需要在原有样板的基础上按照制图标准进行修改。

选择"acadiso.dwt"样板文件创建的新图形文件。在"acadiso.dwt"样板文件中对绘图环境作了基本的设置，如：定义了"0"图层、"Standard"文字样式、"ISO-25"标注样式等。

2. 设置单位和精度

绘制工程图时，绘图单位和精度不是必须进行调整的，可以使用样板中的默认设置。如需对新图形单位制和精度进行设置，可通过下拉菜单中的"格式"⇨"单位"，打开"图形单位"对话框，根据绘图的需要设置长度和角度的"类型"及"精度"，如图 8-2 所示。

该处的设置不会对尺寸标注产生影响，因此在尺寸标注中仍需进行对应的设置。

3. 创建图层

图 8-2 "图形单位"对话框

通过图层来管理图形是计算机绘图的重要特征之一，也是实现快速准确绘图的方法之一。在绘图之初，合理地规划图层、设置正确的图层属性是非常必要的，当然在绘图的过程中如果发现图层创建得不够，可以随时增加图层。图层规划可以根据绘制图形对象的种类确定，若图形比较简单，可根据线型种类设置，本例中根据线型设置图层，创建如下图层：粗实线、细实线、虚线、单点长画线、双点长画线、标注、文字等。

创建图层时可以参考以下建议：

（1）图层名称：根据专业制图标准定义名称，如《房屋建筑制图统一标准》GB/T 50001—2017 中"13 计算机辅助制图文件图层"，对图层的命名给出了命名格式。若没有相关规范，可依据易于辨认的原则进行命名。

（2）图层线型：不同的线型在图纸中表示的含义不同，各专业对线型的含义有详细的规定。因此，图层中线型的设置必须遵守专业规定；若无专业规定，可依据《房屋建筑制图统一标准》GB/T 50001—2017 中"4 图线"的图线用途设置图层中的线型。

（3）图层颜色：有些专业对结构物的识别色进行了规定，多数专业工程图使用蓝图，对线条颜色没有具体的要求，但是绘图时不同的图层使用不同的颜色，是最方便的判断图层应用是否正确的方法，因此可以依据本专业的绘图惯例或能方便地进行分辨为依据进行图层颜色设置。

（4）图层线宽：《房屋建筑制图统一标准》GB/T 50001—2017 中"4 图线"的线宽有具体的规定。线宽主要是在打印时对线条宽度进行控制，因此使用图层线宽控制的打印样式时，必须设置图层线宽；打印时也可以使用对象颜色作为打印依据，此时图层线宽可以不设置，但绘图使用的颜色就非常重要了。

本例按表 8-1 创建图层，设置图层名称、颜色、线型和线宽。

表 8-1　图层属性

图层名	颜色	线形	线宽
粗实线	白色	Continous	0.50 毫米
细实线	青色	Continous	0.13 毫米
虚线	黄色	HIDDEN	0.13 毫米
单点长画线	红色	CENTER	0.13 毫米
文字标注	绿色	Continous	0.13 毫米

打开"图层特性管理器"对话框，按表 8-1 设置图层，完成后如图 8-3 所示。

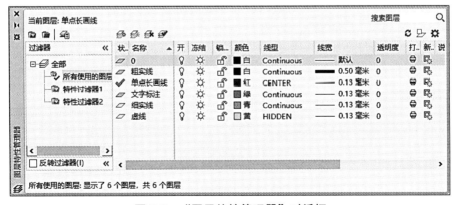

图 8-3　"图层特性管理器"对话框

注：AutoCAD 中的默认线宽为 0.25 毫米。

4. 定义文字样式

文字是工程图中书写说明、技术要求和标注结构尺寸等必要信息的载体，根据《房屋建筑制图统一标准》GB/T50001-2010 中：5.0.3 图样及说明中的汉字，宜优先采用长仿宋体或黑体；5.0.5 图样及说明中的字母、阿拉伯数字与罗马数字，宜优先采用单线简体或 Roman 字体。书写内容对文字字体要求不同，因此，需要设置不同的文字样式。

新建 AutoCAD 2020 文件时，系统自动创建了一个名为"standard"的文字样式，采用"Arial"字体作为默认字体，字体样式为"常规"，该字体与国标规定的汉字、字母和数字的字体要求不符合。为了符合国标规定，创建如下两种文字样式，如图 8-4 所示。

① "汉字"样式：选择字体名为"仿宋"，字体样式为"常规"，设置宽度比例为 0.7，这样的汉字即为"长仿宋体"字，如图 8-4（a）所示。

② "字母数字"样式：选择字体名为"Times New Roman"，字体样式为"常规"，设置宽度比例为 0.7，如图 8-4（b）所示。

图纸中书写标题栏、技术要求、附注等内容时使用"汉字"样式；尺寸标注使用"字母数字"样式。

（a）　　　　　　　　　　　　　　（b）

图 8-4　TrueType 文字样式

安装 AutoCAD 后，字体文件中有用于汉字、数字和字母的形字体，因此可以设置一种文字样式应用于图中的汉字、字母和数字，文字样式设置如下：

"国标"样式：选择字体名为"gdenor.shx"（直体）；选择"使用大字体"，大字体采用"gbcbig.shx"，设置宽度比例为 1，如图 8-5 所示。

无论使用哪种字体，在设置文字样式时都不要给定具体的文字高度，即字高为"0"，文字的字高在文字输入时，根据要求输入合适的字高。

5. 定义尺寸样式

国内建筑专业和机械专业的制图规

图 8-5　"国标"文字样式

范对于尺寸标注的要求不同，这里依据《房屋建筑制图统一标准》GB/T 50001—2017 中"11 尺寸标注的规定"，创建如下的尺寸标注样式。

（1）以"ISO-25"标注样式为基础样式，新建尺寸样式，新样式名为"A3"，各参数设置如下。

"线"选项卡：设置尺寸界线"超出尺寸线"2.5，"起点偏移量"2；设置尺寸线"基线间距"7。

"符号和箭头"选项卡："箭头"选"实心闭合"，"箭头大小"为 2.5。

"文字"选项卡："文字样式"选"字母数字"，"文字高度"为 3.5，"文字对齐"选"ISO 标准"。

"调整"选项卡："调整选项"选"文字"，"标注特征比例"的"使用全局比例"为 1。

"主单位"选项卡："线性标注"的"单位格式"选"小数"，"精度"取 0.0，"小数分隔符"选择"."（句点），"测量单位比例""比例因子"为 1；角度标注"单位格式"选择"十进制度数"，"精度"为"0.0"。

土木建筑绘图中不使用"换算单位"和"公差"，尺寸样式中的内容不用修改。

注：标注样式设置中"调整"选项卡的"使用全局比例"和"主单位"选项卡的"比例因子"均设置为 1，绘图时根据具体情况确定这两个参数设置为何值，详见 8.3 节。

其他采用系统默认值。

（2）以"A3"为基础样式，新建用于"线性标注"的子样式。

"符号和箭头"选项卡："箭头"设置为"建筑标记"或"倾斜"。

（3）以"A3"为基础样式，新建用于"半径标注"的子样式。

"调整"选项卡："优化"选"手动放置文字"。

（4）以"A3"为基础样式，新建用于"直径标注"的子样式。

"调整"选项卡："优化"选"手动放置文字"。

（5）以"A3"为基础样式，新建用于"角度标注"的子样式。

"文字"选项卡："文字对齐"选"水平"。

完成后，A3 标注样式效果如图 8-6 所示。

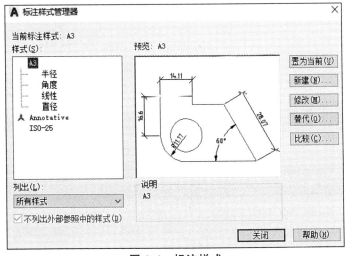

图 8-6　标注样式

注：尺寸样式中的参数比较多，设置时可以根据实际应用中的要求进行设置，没有要求的内容尽量不要修改。

6. 绘制图幅、图框和标题栏

图幅、图框和标题栏可以绘制在专门的图层上，也可以绘制在图元相应的图层中。《房屋建筑制图统一标准》GB/T 50001—2017 对图框线、标题栏外框等规定了具体的线宽。本例以A3 图幅为基础，图框线为 0.5 mm，标题栏外框为 0.35 mm，标题栏内分格线为 0.18 mm。

标题栏中的文字使用"汉字"文字样式，标题栏中文字书写时，尽量使用单行文字，并将文字对正方式设置为"中间"。标题栏中的固定内容（如"制图""审核""比例""图号"等）和不固定的内容（如图名、设计单位等）都书写在相应的位置，使用时直接修改文字。标题栏中的文字可书写在"文字标注"层上，也可以和图幅、图框等书写在单独的图层。

图幅、图框和标题栏以及标题栏中的固定的文字可以定义成图块，方便使用，标题栏中需要修改的内容不能包含在图块中。

完成后如图 8-7 所示。

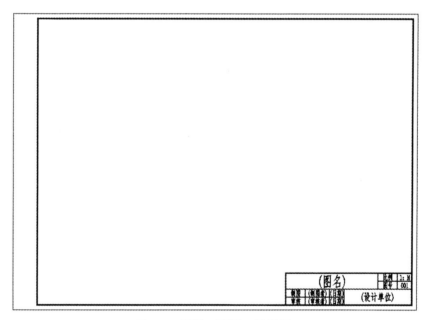

图 8-7　图幅、图框、标题栏

8.2.2　制作和调用样板文件

绘图基本设置包含的内容在每次绘图时都需要设置，比如文字样式和尺寸样式的创建，图幅、图框、标题栏的绘制等，这些内容在手工绘图时只能重新绘制或者使用印刷的图纸，在使用 AutoCAD 绘图时，可以把这些设置内容以文件的形式保存起来，下次使用时直接调用，这样的文件在 AutoCAD 中称为样板文件。AutoCAD 2020 提供了大量的样板文件（扩展名为.dwt），绘图时可以直接使用软件中提供的样板文件，也可以制作符合自己绘图要求的样板文件。利用样板文件可以减少大量的重复工作，从而提高绘图效率。

1. 保存样板文件

在需要保存为样板文件的文件中执行"另存为"命令，打开"图形另存为"对话框，如图 8-8（a）所示，"文件类型"下拉列表框中选择"AutoCAD 图形样板（*.dwt）"类型，"文件名"文本框中输入文件的名称"A3"。单击"保存"按钮，弹出"样板说明"对话框。样板说明中可输入对样板文件的说明，如图 8-8（b）所示。

注：任何 AutoCAD 文件都可以保存为图形样板，文件中的所有设置以及图形都被保存为样板的内容。

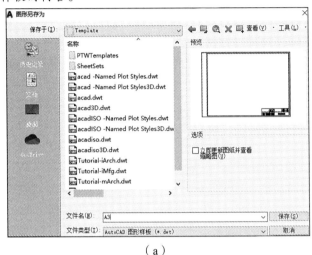

（a） （b）

图 8-8 保存样板文件

2. 应用样板文件

执行"新建"命令后，打开"选择样板"对话框。在文件列表中选择定义的样板文件 A3.dwt，如图 8-9，若样板文件在其他目录下，可打开"搜索"下拉列表框，选择相应的文件夹中的样板文件，单击"打开"按钮创建一个新图形文件。此时，新图形文件中包含了样板文件中的所有设置与图形。

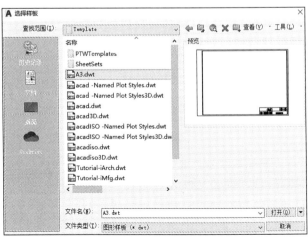

图 8-9 调用 A3 样板文件

8.3 绘制工程图时的比例

工程图的比例，为图形与实物相对应的线性尺寸之比，因此比例是与打印的图纸有关的概念。

使用 AutoCAD 2020 绘图时，绘图区域相当于一张无限大的纸，绘图时无论绘制的图形尺寸为多少，都可以按照实际大小绘制。也就是说，绘制图形时不需要考虑比例，但是当确定图形使用多大图幅时，就要考虑比例的影响，即图形如何与图幅匹配起来，要考虑图中尺寸、文字的大小，使打印后的图纸能够清晰地呈现想要表达的内容。

当图形和图幅匹配之后，通过匹配时使用的参数就可以确定当前工程图的比例。确定比例之后，图纸上的文字大小、尺寸标注各参数的大小等涉及图中个头大小的对象才可以确定，因此在绘图过程中，应该先绘制图形，再确定比例，最后再书写图中文字、标注图中的尺寸、调整图上的线型比例等内容。

当使用实际尺寸绘制的图形超过图幅或图形太小时，图形与图幅匹配的方法有两种：

（1）将图形缩小或放大到 n 倍，图幅不变，达到匹配效果。若绘图时使用单位为毫米，则这张图的比例为 $n:1$。当 $n>1$ 时，为放大的比例；当 $n<1$ 时，为缩小的比例。

（2）图形不变，将图幅缩小或放大到 n 倍，达到匹配效果。若绘图时使用单位为毫米，则这张图的比例为 $1:n$。当 $n>1$ 时，为缩小的比例；当 $n<1$ 时，为放大的比例。

图 8-10 和图 8-11 两图为匹配图形与图幅后的效果。

注：为看图清楚，图中文字、尺寸数字进行了放大。

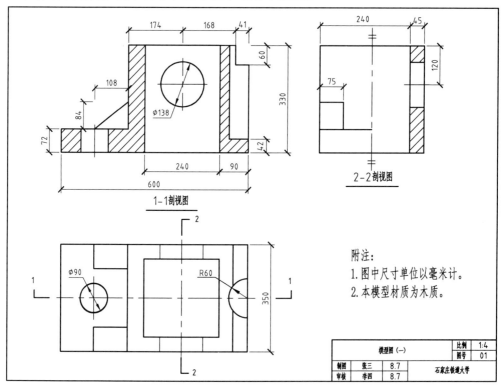

图 8-10 比例为 1:4

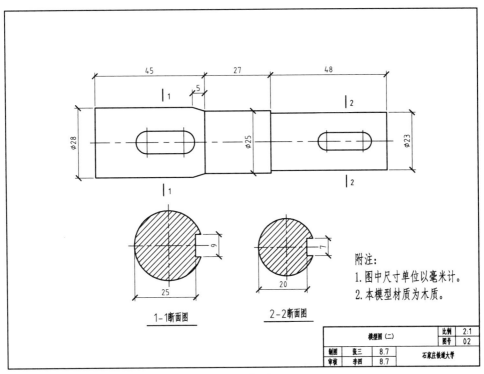

模型图（二）	比例	2:1
	图号	02
制图	张三	8.7	石家庄铁道大学
审核	李四	8.7	

附注：
1.图中尺寸单位以毫米计。
2.本模型材质为木质。

1-1断面图　　　　2-2断面图

图 8-11　比例为 2:1

实现图形与图幅的匹配后，需要根据图纸比例调整尺寸标注、文字和线型比例三部分内容，调整方法如下。

1. 图幅不变，图形缩小或放大到 n 倍

需进行如下调整：

（1）尺寸标注。

由于图纸幅面的大小没有发生变化，尺寸标注样式按 8.2 节的设置即可，但在标注图中尺寸时会发现，标注出的尺寸数值和物体真实尺寸值相差 n 倍，因为图形缩放后图形的大小变为原来的 n 倍，要想标注出物体的真实尺寸，需要调整标注样式中"主单位"选项卡"测量单位比例"中"比例因子"为 $1/n$，即测量数值 × （$1/n$）为显示的数值。如：图 8-10 中图形采用缩小到 1/4，"比例因子"设置为 4，如图 8-12 所示；图 8-11 中图形采用放大到 2 倍，"比例因子"设置为 1/2（即 0.5），如图 8-13 所示。

图 8-12　缩小图形到 1/4　　　　图 8-13　放大图形到 2 倍

（2）文字。

图幅不变时，图中的文字大小按照图纸要求即可，如标题栏中图名文字为 10 号字，则输入时直接输入字高为 10 即可。

（3）线型比例。

193

图幅不变时,不连续线型的全局比例因子为 1 或根据显示效果调整。

2. 图形不变,图幅缩小或放大 _n_ 倍

需进行如下调整:

(1)尺寸标注。

由于图形大小不变,则标注时测量得到的数值为物体的真实尺寸,所以"测量单位比例"不需要调整,即"比例因子"为 1。

图幅缩小或放大后,打印时仍然打印到标准的图纸上,即打印时会把图幅缩放到 1/_n_,从而转换为标准图幅。如果图中尺寸标注样式、箭头的大小、文字的大小等仍按上一节设置,如文字 3.5 mm,打印到图纸中时会缩放到 3.5/_n_,造成打印后文字大小与要求不符的情况,因此需要对标注样式中涉及"个头"大小的部分,如箭头、文字、起点偏移量、基线间距等参数进行缩放。缩放时不需要单独修改各项中参数值,只要将"调整"选项卡"标注特征比例"中的"使用全局比例"修改为 _n_。如图 8-10 中采用图幅放大 4 倍,"标注特性比例"中的"使用全局比例"需设置为 4,如图 8-14 所示;图 8-11 中采用图幅缩小 1/2 倍,"标注特性比例"中的"使用全局比例"需设置为 0.5,如图 8-15 所示。

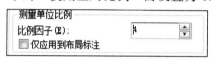

图 8-14　放大图幅到 4 倍

图 8-15　缩小图幅到 1/2

(2)文字。

图幅缩放时,和尺寸标注相同的道理,文字的大小也需要缩放,缩放的倍数为 n 倍,即标题栏中的 10 号字,输入文字时设置字高为 10×n。若绘制标题栏时已书写了文字,此处可参考文字字高变化。

(3)线型比例。

图幅放缩时,不连续线型的全局比例因子比例为 n。

注:AutoCAD 2020 中提供的不连续线型比较多,例如虚线就有 ACAD_IS002W100、DASHED、HIDDEN 等多种线型,不同线型中的线段和间隙的长度不同,如图 8-16 所示,所以若线型比例设置为 1 或 _n_ 显示效果不合适,可根据图形需要确定线型比例。

图 8-16　相同线型比例下的不同线型比较

8.4　工程图绘图举例

下面以绘制图 8-17 所示的"柱钢筋布置图"为例,说明工程图绘图的基本方法和过程。绘图要求如下:

(1)绘制到 A3 的图纸上;

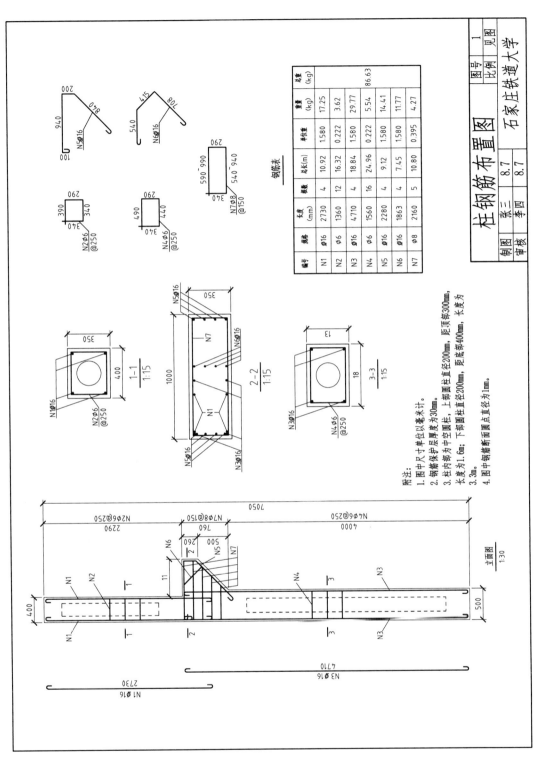

钢筋表

编号	规格	长度 (mm)	根数	总长(m)	单位重	重量 (kg)	总重 (kg)
N1	Φ16	2730	4	10.92	1.580	17.25	
N2	Φ6	1360	12	16.32	0.222	3.62	
N3	Φ16	4710	4	18.84	1.580	29.77	
N4	Φ6	1560	16	24.96	0.222	5.54	
N5	Φ16	2280	4	9.12	1.580	14.41	
N6	Φ16	1863	4	7.45	1.580	11.77	
N7	Φ8	2160	5	10.80	0.395	4.27	86.63

<table>
<tr><td colspan="2">柱钢筋布置图</td><td>图号</td><td>1</td></tr>
<tr><td>张三</td><td>8.7</td><td>比例</td><td>见图</td></tr>
<tr><td>李四</td><td>8.7</td><td colspan="2">石家庄铁道大学</td></tr>
<tr><td>制图</td><td></td><td></td><td></td></tr>
<tr><td>审核</td><td></td><td></td><td></td></tr>
</table>

附注：
1. 图中尺寸单位以毫米计。
2. 钢筋保护层厚度为30mm。
3. 柱内部为中空圆柱，上部圆柱直径200mm，距顶部300mm，下部圆柱直径200mm，距底部400mm，长度为长度为1.6m；下部圆柱直径200mm，距底部400mm，长度为长度为3.3m。
4. 图中钢筋断面画圆点直径为1mm。

图 8-17　柱钢筋布置图

（2）按线型设置图层；

（3）图中尺寸标注的文字高度 3.5 mm，投影图名和"附注"字高 5 mm，附注内容字高 4 mm。

8.4.1 创建新文件并进行相关设置

在 AutoCAD 2020 打开的情况下，点击新建按钮█创建一个新的图形文件，在打开的"选择样板"对话框中选择"acadiso.dwt"，点击"打开"按钮。

根据上一节内容，设置图层、文字样式、标注样式等内容。

也可以使用上一节的样板文件创建新文件。

8.4.2 绘制工程图

绘图时需要对绘制的图形进行分析，也就是读图，弄清各图形之间的关系，确定绘图的先后顺序。

经分析可知，钢筋布置图由三部分组成，第一部分为柱立面图和断面图，第二部分为钢筋详图，第三部分为钢筋数量表。其中钢筋详图中的钢筋与立面图使用相同的比例绘制，可以先绘制立面图中的钢筋，钢筋详图采用从立面图中复制（Copy）出来的方法绘制。数量表可直接绘制或采用 Excel 数据表进行计算，再将数据导入 AutoCAD 中。

经过前面的分析，确定先绘制柱立面图和断面图，再绘制钢筋详图，最后绘制数据表。

1. 立面图和断面图

按图中所给的结构数据和附注中的说明绘制图形。按真实尺寸，在"细实线"图层，绘制柱立面图和断面图轮廓；在"粗实线"图层，绘制结构中钢筋线；图中虚线绘制在"虚线"图层。

绘制断面图时，仅绘制断面中的箍筋，纵筋在断面图中的截面为示意，一般采用打印后直径 1 mm 的黑点，点的大小受到绘图比例的影响，因此待确定图纸比例后再绘制。

完成后如图 8-18 所示。

注意：绘制立面图和断面图中的钢筋时，为了后期提取钢筋详图时操作方便，可使用多段线（PLine）绘制单根钢筋。

2. 提取钢筋详图

该步骤过程比较简单，只需要使用复制（Copy）命令将每根钢筋复制出来，放置在合适的位置，钢筋排列时需预留标注的空间。

完成后如图 8-19 所示。

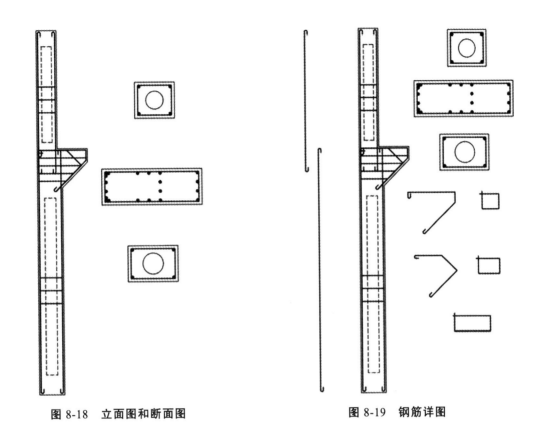

图 8-18　立面图和断面图　　　　　　　　图 8-19　钢筋详图

8.4.3　匹配图幅与工程图

　　绘制 A3 图幅、图框和标题栏并书写标题栏中的文字。若使用 A3 样板，不需再画。

　　本图采用缩小图形的方法，经过测试，图形缩小到 1/30 可以较好地把图形放在图框内，即该图的比例为 1∶30，将绘制好的图形移动到图框内部。

　　匹配图幅与工程图时需要考虑有适当的留白，因为图中还要标注尺寸、书写各投影图图名、放置钢筋数量表、书写说明等，图中必须有足够的空间来布置这些。移动图形时需确保图形中的长、宽、高对应关系，以免造成读图不方便。

　　由于断面图尺寸较小，为使图形表达清晰，此处使用缩放（Scale）命令将断面图放大 2 倍，即断面图比例为 1∶15。

　　完成后如图 8-20 所示。

8.4.4　标注尺寸及图面信息

　　按照制图标准及工程图要求标注尺寸。钢筋图中尺寸分为结构尺寸和钢筋尺寸两类，且图中有两种不同的绘图比例，需要创建不同标注样式。本例中图纸幅面不变，因此所有标注样式中"标注特征比例"中的"使用全局比例"均设置为 1。

197

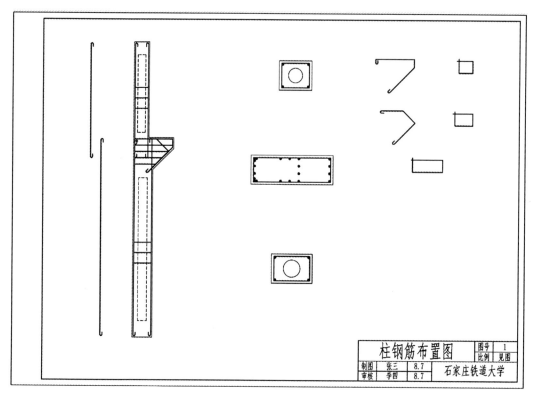

图 8-20　图形与图幅匹配

立面图形缩小到 1/30，比例为 1∶30，新建"1-30"标注样式，标注样式中"主单位"选项卡"测量单位比例"的"比例因子"为 30，完成立面图尺寸标注。

断面图使用的比例为 1∶15，新建"1-15"标注样式，标注样式中"主单位"选项卡"测量单位比例"的"比例因子"为 15，完成断面图尺寸标注。

钢筋尺寸标注使用书写文字的方法进行标注。

图面信息以文字形式和符号形式进行书写，这些内容在标注时应当注意规范性和准确性，也可以利用图块和属性块进行标注，以提高绘图效率。本图中有钢筋编号、钢筋详图中的钢筋信息、立面图图名、比例、断面图剖切位置及断面图图名和附注等内容。

因图形与图框匹配时，图形缩小，图框不变，则图中尺寸标注、文字等有大小要求的内容，均按打印后字高要求绘制。

钢筋编号等信息使用 3.5 mm 字高，按图添加标记。若字体中没有钢筋等级符号，可使用图块的方法创建并插入。同时完成断面图中钢筋黑圆点的绘制，钢筋圆点大小为 1 mm。

剖切符号的剖切位置线是与结构垂直的粗实线，根据制图规范规定，剖切位置线长 6～10 mm，本图剖切位置线长度取 8 mm。

剖切标记 1、2、3，字高取 5 mm。

视图名称字高取 5 mm，图名下方绘制粗实线。图中比例字高 4 mm。

"附注"字高取 5 mm，附注内容字高取 4 mm。附注可使用多行文字书写，编辑时比较方便。

完成后效果如图 8-21 所示。

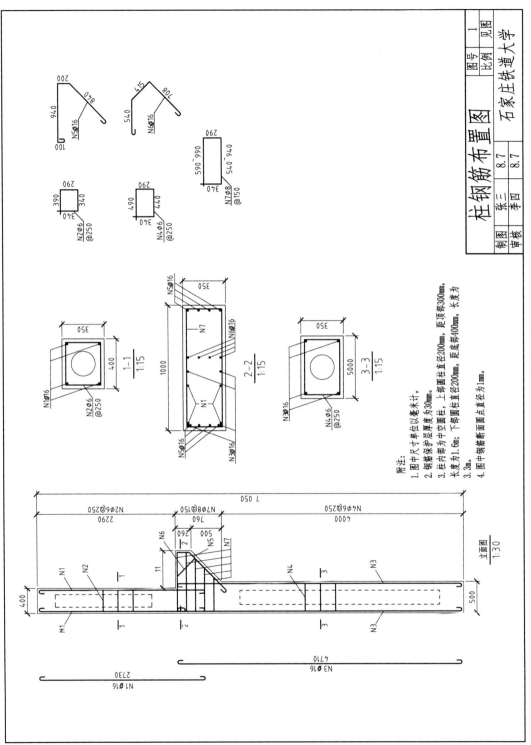

图 8-21 标注尺寸

附注:
1. 图中尺寸单位以毫米计。
2. 钢筋保护层厚度为30mm。
3. 柱内部为中空圆柱,上部圆柱直径200mm,距顶部300mm,距底部400mm,长度为3.3m。下部圆柱直径200mm,长度为1.6m;图中钢筋断面圆点直径为1mm。
4. 图中钢筋断面圆点直径为1mm。

8.4.5 绘制钢筋数量表

AutoCAD 提供了表格功能，本图中的数量表可以通过定义表格样式绘制数量表，也可以使用"Line"命令绘制表格，并填写表格中的数量。

当工程图中有大量的工程数量需要统计并计算时，手工计算速度慢且容易出错，因此数据的计算是在 Excel 数据表格中完成的。下面介绍如何将数据表中的数据导入 AutoCAD。

根据图中所给的钢筋信息，按照图中数量表格的形式设置数据表，并使用数据表的计算功能计算钢筋数据，如图 8-22 所示。

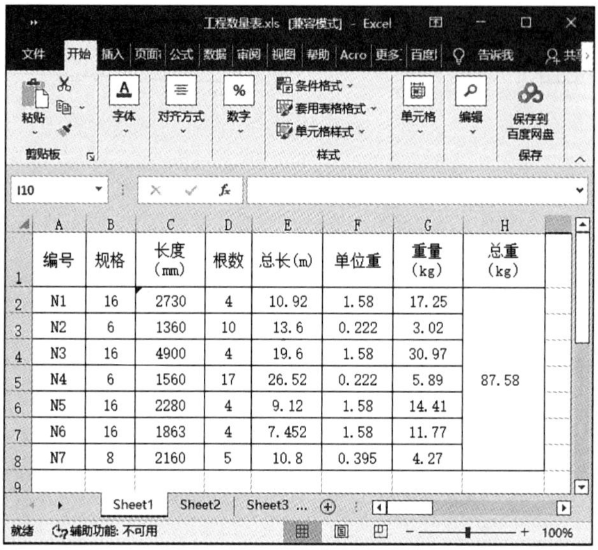

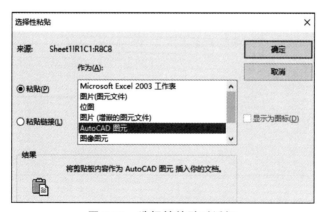

图 8-22　工程数量表

可以使用"选择性粘贴"中的"AutoCAD 图元"将钢筋数据导入 AutoCAD 中，如图 8-23 所示，导入后如图 8-24 所示。该方法的优点是：导入的数据使用 AutoCAD 中的表格样式，并可以使用 AutoCAD 命令进行编辑。经调整表格间距、设置数值精度等编辑后的表格如图 8-25 所示。

图 8-23　选择性粘贴对话框

使用"AutoCAD 图元"方法导入的表格可以分解（Explode），再按照表格要求修改，可得图 8-26 所示表格。

编号	规格	长度（mm）	根数	总长(m)	单位重	重量（kg）	总重（kg）
N1	16.00	2730	4.00	10.92	1.580	17.25	
N2	6.00	1360	12.00	16.32	0.222	3.62	
N3	16.00	4710.00	4.00	18.84	1.580	29.77	
N4	6.00	1560	16.00	24.96	0.222	5.54	86.634720
N5	16.00	2280.00	4.00	9.12	1.580	14.41	
N6	16.00	1863.00	4.00	7.45	1.580	11.77	
N7	8.00	2160.00	5.00	10.80	0.395	4.27	

图 8-24　"AutoCAD 图元"数据表

编号	规格	长度(mm)	根数	总长(m)	单位重	重量(kg)	总重(kg)
N1	16	2730	4	10.92	1.580	17.25	
N2	6	1360	12	16.32	0.222	3.62	
N3	16	4710	4	18.84	1.580	29.77	
N4	6	1560	16	24.96	0.222	5.54	86.63
N5	16	2280	4	9.12	1.580	14.41	
N6	16	1863	4	7.45	1.580	11.77	
N7	8	2160	5	10.80	0.395	4.27	

图 8-25　调整后数据表

编号	规格	长度(mm)	根数	总长(m)	单位重	重量(kg)	总重(kg)
N1	Φ16	2730	4	10.92	1.580	17.25	
N2	Φ6	1360	12	16.32	0.222	3.62	
N3	Φ16	4710	4	18.84	1.580	29.77	
N4	Φ6	1560	16	24.96	0.222	5.54	86.63
N5	Φ16	2280	4	9.12	1.580	14.41	
N6	Φ16	1863	4	7.45	1.580	11.77	
N7	Φ8	2160	5	10.80	0.395	4.27	

图 8-26　分解并调整后数据表

还可以使用插件导入数据表格，快速地实现数据表格与 AutoCAD 表格的互导。

8.4.6　填写标题栏

标题栏有关内容在绘制 A3 标题栏时已经输入，仅需修改文字即可。若绘制标题栏时没有输入文字，在本步骤中添加文字时，文字字号按打印要求设置。

标题栏中的"比例"一栏，需要根据图纸的具体情况书写。本图图幅与图形匹配时以立面图为参考，图形缩小到 1/30，因此图中立面图的比例是 1∶30；断面图在立面图比例基础上放大 2 倍，即断面图比例为 1∶15，由于图中出现多种比例，因此标题栏中的"比例"处填写"见图"。

至此完成整幅工程图的绘制，绘图结果见图 8-17。

8.4.7　保存文件和退出

随时保存文件是一个良好的习惯，在整个绘图过程中完成一部分图形后或间隔几分钟都应保存一次文件。

注：AutoCAD 2020 在保存文件时会自动生成备份文件（后缀为.bak），该文件保存的内

容是上一次保存时的内容。若图形文件丢失或损坏，可将备份文件后缀.bak 改为.dwg，就可以用直接打开了。

8.5　工程图的打印输出

绘制好的工程图最终需要进行打印，为了使图纸能够清晰、完整地打印出来，需要进行相应的打印设置。

AutoCAD 2020 进行打印输出时，可以使用物理打印机将图纸打印在标准的图纸上，也可以使用虚拟打印机将图纸打印成电子文件。使用物理打印机或虚拟打印机的打印设置过程和设置的内容是相同的，本例以将图纸打印成 pdf 文件为例，介绍打印机的设置。

在 AutoCAD 2020 中使用"Plot" █ 或者"Ctrl+P"启动打印功能，弹出"打印"对话框，如图 8-27 所示。打印时需要设置的内容有：打印机/绘图仪、图纸尺寸、打印区域、打印偏移、打印比例、打印样式表和图纸方向等，设置过程如下。

注：若打印对话框未显示"打印样式表"和"图纸方向"，可点击右下角箭头打开隐藏内容。

图 8-27　打印对话框

8.5.1　打印机/绘图仪

如图 8-28（a）所示，当使用的电脑连接着物理打印机时，在"打印机/绘图仪"的下拉列表中选择该打印机即可。这里选择"DWG To PDF.pc3"，此时使用的是 Autodesk 提供的 PDF ePlot 电子打印机，可将文件打印为 pdf 格式。

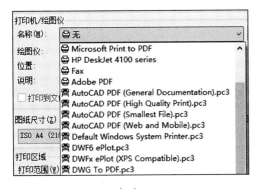
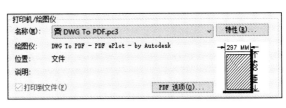

（a）　　　　　　　　　　　　　　　　（b）

图 8-28　设置打印机

8.5.2　图纸尺寸

选择不同的打印机，在图纸尺寸列表中显示的图纸尺寸不同。图 8-29 中列出了选择"DWG To PDF.pc3"时可以选用的图纸，本例使用 A3 图幅。由列出的图纸尺寸可知，两个 A3 图纸一个是横式的，另一个是竖式的，这里根据需要选择"ISO full bleed A3（297.00×420.00 毫米）"。选择图纸后将在"打印机/绘图仪"区域的特性下面显示图纸的预览，如图 8-28（b）所示。

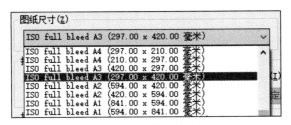

图 8-29　图纸尺寸

8.5.3　打印区域

如图 8-30 所示，"打印范围"从下拉列表中选择，一般使用"窗口"选项，通过在"模型"绘图空间，使用矩形框指定需要打印的区域（上节中的 A3 图幅）的对角点完成选择，被打印区域以阴影形式显示在预览窗口。

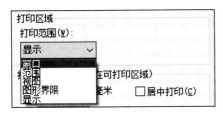

图 8-30　设置打印范围

图 8-31　打印偏移

8.5.4 设置打印偏移和打印比例

"打印偏移"指定打印区域相对于可打印区域左下角或图纸边界的偏移。前面的打印区域设置为 A3 图幅范围，此处将打印偏移设置为"居中打印"，如图 8-31 所示。

观察预览区域阴影范围，调整"打印比例"，打印比例控制图形单位与打印单位之间的相对尺寸。若预览中图纸的外缘出现红色线，说明设置的打印比例偏大，打印区域超出了图纸范围，如图 8-32（a）所示打印比例为 1∶1；若预览中阴影区域在图纸中仅占很小的一部分，说明设置的打印比例偏小，如图 8-32（b）所示打印比例为 1∶5。预览处看不到阴影区域，其原因与打印偏移和打印比例均有关系，出现这种情况时，可使用"布满图纸"功能，软件自动将图中打印区域和图纸进行匹配，如图 8-32（c）所示。

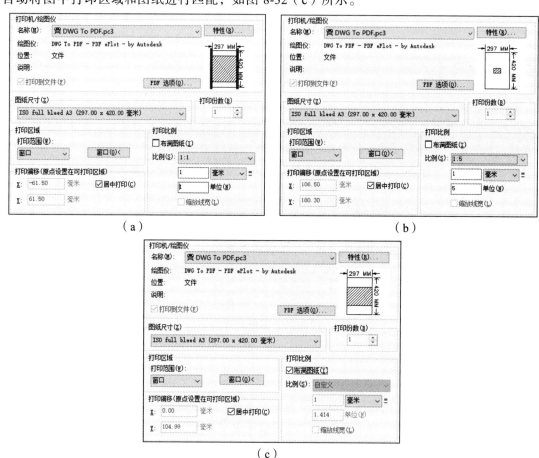

（a） （b）

（c）

图 8-32 打印比例

8.5.5 图形方向

本例中图纸尺寸选择的是 A3 竖式图纸，打印区域为 A3 横式范围，图 8-32（c）所示预览中将出现阴影仅占图纸范围一半的情况，这时可在"图形方向"中选择"横向"，如图 8-33（a）所示，使阴影占据整个图纸范围，如图 8-33（b）所示。

（a）

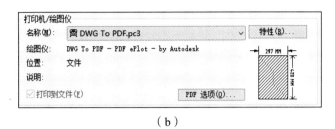
（b）

图 8-33　图形方向

8.5.6　打印样式表

打印样式表位于打印对话框的右上角，默认情况下"打印样式表"等右侧项目是隐藏的，可以点击右下角的 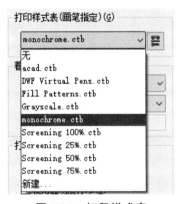 按钮将右侧项目显示出来，点击打印样式表中的三角形可以看到打印样式。

AutoCAD 中预设了多种打印样式，如图 8-34 所示，在"打印样式表编辑器"中选择任一颜色，均可在特性中设置其打印时的各种特性，其中常用的特性有颜色、淡显和线宽三种。"颜色"控制各种颜色打印时"使用对象颜色"还是以特定颜色打印，如黑色；"淡显"指定颜色强度，0 时为无色，100 时按真实颜色强度显示；"线宽"控制各线条打印时"使用对象线宽"还是以特定线宽打印，当使用颜色作为打印线宽控制方法时，绘图过程中可以不设置对象的线宽，但是线条的颜色必须符合打印设置的要求。

图 8-34　打印样式表

这里介绍打印样式表中常用的两种，若打印需要的样式与现有的样式均不符，可自行设置打印样式。

1. acad.ctb 打印样式（见图 8-35）

该样式中所有特性均使用对象颜色、对象线型、对象线宽等进行打印，即绘图时设置的对象属性将在打印时使用。因使用对象颜色在打印时需对颜色进行细致的规划，该样式适用于彩色打印。

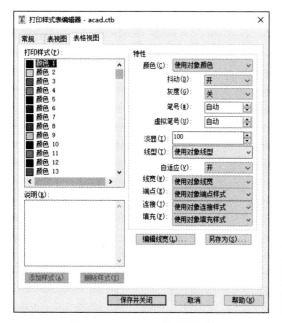

图 8-35 acad.ctb 打印样式   图 8-36 monochrome.ctb 打印样式

2. monochrome.ctb 打印样式（见图 8-36）

该打印样式为单色打印样式，打印时图中所有颜色均打印为黑色，线型、线宽等使用绘图时设置的属性。因所有颜色均按黑色打印，该样式适用于黑白打印。

这里选择"monochrome.ctb"打印样式，完成打印设置，如图 8-37 所示。

设置完成后，点击"预览"可查看打印效果，如不满意可按 Esc 退出预览，修改打印设置中的内容。达到满意效果后，点击"确定"，指定文件保存的文件夹和文件名，如图 8-38 所示，即可将图纸以 pdf 格式打印出来。

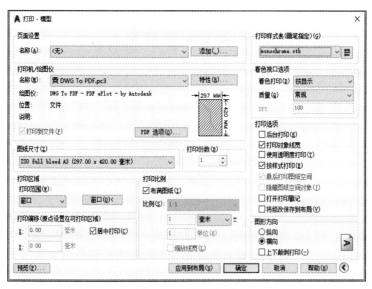

图 8-37 打印设置

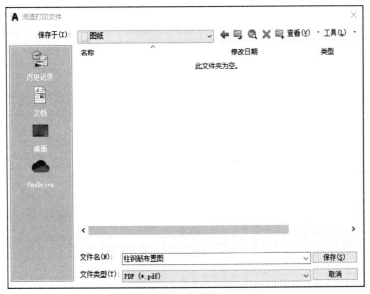

图 8-38　打印文件

　　注：用户如需自定义图纸尺寸，可以点击打印机右侧"特性"按钮，如图 8-39（a）所示。弹出"绘图仪器配置编辑器"对话框，如图 8-39（b）所示。点击"自定义图纸尺寸"，再点击"添加"按钮，弹出"自定义图纸尺寸"对话框，如图 8-39（c）所示，可对图纸的介质边界、可打印区域、图纸尺寸名等进行设置。"可打印区域"中的"上""下""左""右"边界可设置为 0。

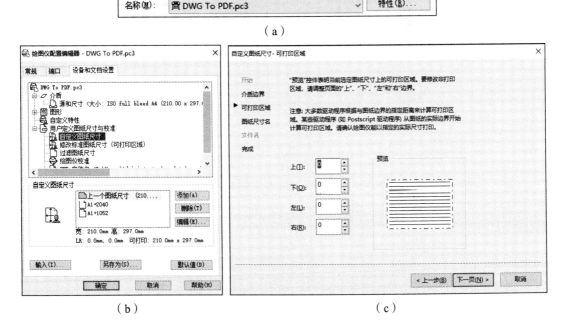

图 8-39　自定义图纸

8.6　上机实验

实验 1　创建样板文件 A3.dwt

1. 目的要求

通过本实验，练习样板图文件的创建方法。样板图设置内容 8.2 节。

2. 操作提示

详见 8.2 节。

实验 2　绘制 A3 工程图

1. 目的要求

练习工程图样的绘制步骤及方法。在实验 1 所创建的样板图的基础上绘制 8-40 所示的工程图。

本工程图图名"三视图"，图中尺寸标注文字字高为 3.5，比例自选。

2. 操作提示

本实验与 8.4 节绘制过程类似，绘图时可参照 8.4 节内容。

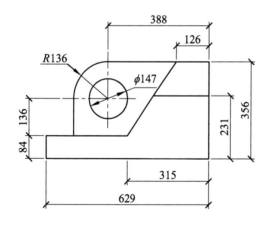
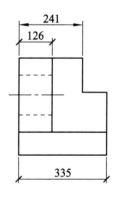
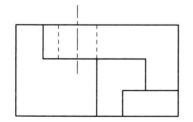

图 8-40　绘制工程图

第9章　三维绘图

AutoCAD 不仅有很强的二维绘图功能，而且还有强大的创建三维模型的功能。利用 AutoCAD 可以绘制实体模型，并且可以根据需要对三维模型进行各种处理，如进行布尔运算、切割、生成轮廓和剖面等操作，还可以对实体模型进行着色、渲染等处理，以得到逼真的三维效果。

本章主要介绍 AutoCAD 与三维绘图相关的基础内容：三维视点的设置，用户坐标系，创建三维实体，三维实体的布尔运算，三维模型的编辑，三维模型的消隐、视觉显示样式等。

9.1　切换工作空间

为方便三维作图，AutoCAD 设置了三维建模空间，需要使用时，只要从工作空间下拉列表中选择"三维建模"选项即可，如图 9-1 所示。选择"三维建模"工作空间以后，整个工作界面转换成专门为三维建模设置的环境，如图 9-2 所示。

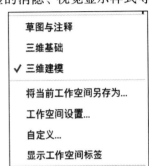

图 9-1　工作空间下拉列表

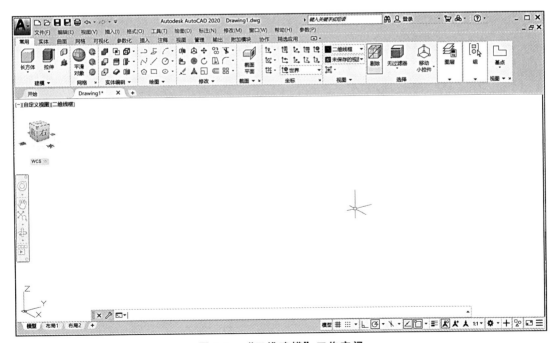

图 9-2　"三维建模"工作空间

9.2　三维视图

9.2.1　模型的三维视图

模型的三维视图可以通过定义平行投影或透视投影来指定。图 9-3 显示了同一个模型的平行投影和透视投影（两者都基于相同的观察方向）。本章只重点讲述平行投影的三维视图。

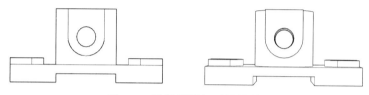

图 9-3　平行投影与透视投影

9.2.2　设置三维视图的显示

在 AutoCAD 中绘制二维图形时，所进行的绘图工作都是在 *XY* 坐标面上进行的，视线的默认方向平行于 *Z* 轴，视图的视点不需要改变。但在进行三维图形绘制时，一个视点往往不能满足观察物体各个部位的需要，用户常常需要变换视点，从不同的方向来观察三维物体。AutoCAD 中设置视图的显示有下面几种方法：

1. 利用对话框设置视点

可通过下面的两种途径之一打开"视点预设"对话框（图 9-4）：
- 菜单："视图"⇨"三维视图"⇨"视点预设…"
- 命令行：Vpoint

在"视点预设"对话框中，左侧的图形用于确定视点和原点的连线在 *XY* 平面的投影与 *X* 轴正方向的夹角；右侧的图形用于确定视点和原点的连线与其在 *XY* 平面的投影的夹角。"设置为平面视图"按钮用于将三维视图设置为平面视图。设置好视点的角度后，单击"确定"按钮，屏幕窗口即显示调整后视图。

2. 用罗盘设置视点

在 AutoCAD 中可以通过罗盘和三轴架确定视点：
- 菜单："视图"⇨"三维视图"⇨"视点"

执行命令后窗口出现如图 9-5 所示的罗盘和三轴架。

罗盘是以二维显示的地球仪，它的中心是北极（0,0,1），相当于视点位于 *Z* 轴的正方向；内部的圆环为赤道（n,n,0）；外部的圆环为南极（0,0,－1），相当于视点位于 *Z* 轴的负方向。

在图中，罗盘相当于球体的俯视图，十字光标表示视点的位置。确定视点时，拖动鼠标使光标在坐标球移动时，三轴架的 *X*、*Y* 轴也会绕 *Z* 轴转动。三轴架转动的角度与光标在坐标球上的位置相对应，光标位于坐标球的不同位置对应的视点也不同。当光标位于内环内部时，相当于视点在球体的上半球；当光标位于内环与外环之间时，相当于视点在球体的下半球。用户根据需要确定好视点的位置后回车，视口中则显示与该视点对应的三维视图。

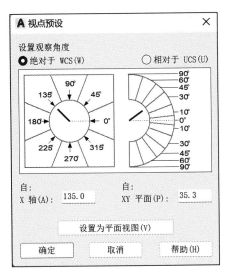

图 9-4　"视点预设"对话框

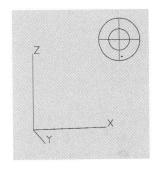

图 9-5　罗盘和三轴架

3. 设置 UCS 平面视图

可通过下面的途径设置不同方向的平面视图对模型进行观察：

- 菜单："视图" ⇨ "三维视图" ⇨ "平面视图" ⇨ "当前 UCS/世界 UCS/命名 UCS"
- 命令行：Plan

（1）当前 UCS(C)：生成当前 UCS 中的平面视图，使视图在当前视口中以最大方式显示。

（2）UCS(U)：从当前 UCS 转换到以前命名保存的 UCS 并生成平面视图。

（3）世界 UCS(W)：生成相对于 WCS 的平面视图，图形以最大方式显示。

注：如果设置了相对于当前 UCS 的平面视图，就可以在当前视图中用绘制二维图形的方法，在三维对象的相应面上绘制图形。

4. 使用特殊视点对应的标准视图

可通过下面的途径设置不同方向的预设标准视图对模型进行观察：

- 菜单："视图" ⇨ "三维视图" ⇨ "俯视/仰视/左视/右视/前视/后视/西南等轴测/东南等轴测/东北等轴测/西北等轴测"；
- 功能区："常用"选项卡 ⇨ "视图"面板 ⇨ "未保存的视图"下拉列表；

  或 "视图/可视化"选项卡 ⇨ "命名视图"面板 ⇨ "未保存的视图"下拉列表；
- 视口左上角的"视图控件"，如图 9-6 所示；
- 命令行：View（打开的视图管理器中选择预设的三维视图，如图 9-7 所示）；
- 单击 View cube ▨ 的角、边、面。

图 9-6　视图控件

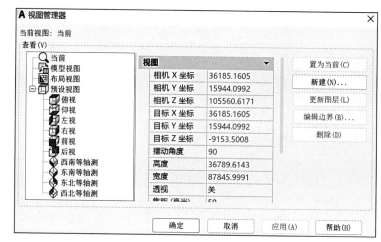

图 9-7　视图管理器

5. 交互式三维视图

AutoCAD 提供了具有交互控制功能的三维动态观测器,用三维动态观测器可以实时地控制和改变当前视口中创建的三维视图,以得到期望的效果。三维动态观察围绕目标移动,目标点将暂时显示为一个小的球体,相机位置(或视点)移动时,视图的目标将保持静止。启动交互式三维视图,请使用以下方式(3DORBIT 命令的快捷菜单如图 9-8 所示,导航栏"动态观察"按钮如图 9-9 所示):

- 菜单:"视图" ⇨ "动态观察" ⇨ "受约束的动态观察/自由动态观察/连续动态观察";
- 命令行:3DORBIT;
- 导航栏的"动态观察"按钮。

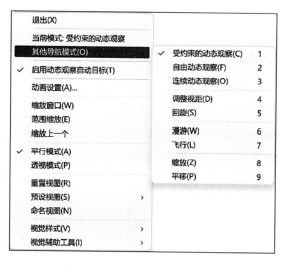

图 9-8　3DORBIT 的快捷菜单

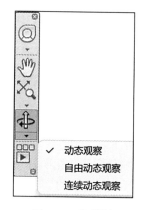

图 9-9　导航栏

（1）受约束的动态观察：沿 *XY* 平面或 *Z* 轴约束三维动态观察。如果水平拖动光标，视点将平行于世界坐标系的 *XY* 平面移动。如果垂直拖动光标，视点将沿 *Z* 轴移动。

（2）自由动态观察：不参照平面，在任意方向上进行动态观察。执行命令后，当前视口中出现一个绿色的大圆，在大圆上有 4 个绿色的小圆，如图 9-10 所示。当鼠标在绿色大圆的不同位置进行拖动时，鼠标的表现形式不同，视图的旋转方向也不同。视图的旋转由光标的表现形式和其位置决定。鼠标在不同位置有 ⊙ ⊙ ⊙ ⊙ 几种表现形式，拖动这些图标分别对对象进行不同形式的旋转。

图 9-10   自由动态观察

（3）连续动态观察：在要使连续动态观察移动的方向上单击并拖动，然后松开鼠标按钮，轨道沿该方向继续移动。

9.2.3　设置视口

视口是观察视图的窗口。在模型空间中，我们可以将绘图区域拆分成一个或多个相邻的矩形视图，称为模型空间视口。每个视口中可以显示同一模型在不同视点下的视图。当前活动视口（视口边界突出）只有一个。图 9-11 中的 4 个视口，左上角为前视图、左下角为俯视图、右上角为左视图、右下角为西南等轴测视图。

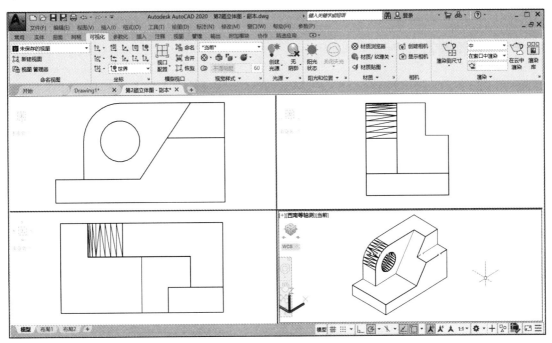

图 9-11   设置四个视口

可以通过以下途径之一设置视口：
- 菜单："视图" ⇨ "视口"子菜单；
- 功能区："可视化"选项卡 ⇨ "模型视口"面板 ⇨ "视口配置"下拉列表；

213

- 命令行：Vports（激活命令，打开"视口"对话框，如图 9-12 所示）；
- 视口左上角的"视口控件[-]"的"视口配置列表"，如图 9-13 所示。

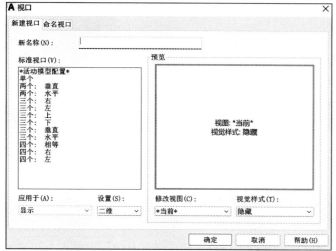

图 9-12　"视口"对话框

图 9-13　"视口控件"的视口配置列表

9.3　三维绘图基础

9.3.1　三维模型的分类

利用 AutoCAD 创建的三维模型，按照其创建的方式和其在计算机中的存储方式可以分为 4 种类型。

（1）线框模型。

线框模型是对三维对象的轮廓描述，由描述轮廓的点、线组成，如图 9-14 所示。线框模型没有面和体的特征，不能进行消隐和渲染等处理。

（2）面框模型。

面框模型是用面来描述三维对象。面框模型不仅具有边界，还具有表面，如图 9-15 所示。面框模型具有面的特征，可以进行物理计算和渲染、着色等操作。

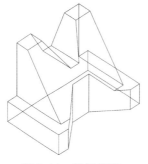

图 9-14　线框模型

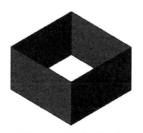

图 9-15　面框模型

（3）实体模型。

实体模型不仅具有线和面的特征，还具有实体的特征，如体积、重心和惯性矩等。模型实例如图 9-16 所示。

在 AutoCAD 中不仅可以建立基本的三维实体，还可以对它们进行布尔运算、剖切、干涉、检查等操作，以构造复杂的实体造型。此外由于消隐、渲染技术的运用，可以使实体具有很好的可视性，所以实体模型在设计中得到了广泛应用。

（4）网格模型。

网格模型是使用多边形（包括三角形和四边形）来定义三维形状的顶点、边和面。如图 9-17 所示为网格圆锥体模型。网格模型与实体模型不同，没有质量等特性。可以应用自由形式雕刻、锐化和平滑处理等功能来修改网格模型。可以拖动网格对象（面、边和顶点）建立网格对象的形状，以获得更细致的效果。

图 9-16　实体模型　　　　　　　图 9-17　网格圆锥体模型

9.3.2　建立用户坐标系 UCS

1. 用户坐标系的概念

AutoCAD 通常是在基于当前坐标系的 XY 平面上进行绘图的，这个 XY 平面称为构造平面。AutoCAD 初始设置的坐标系，其构造平面平行于水平面，在二维环境中作图，通常只是改变坐标原点的位置，而不改变构造平面的位置。但在三维环境下绘制三维图形时，经常需要在除水平面以外的其他平面上作图，此时若仍然保持原来的构造平面不变，绘图将十分不便。如图 9-18 所示，要在斜坡屋面上打一个垂直于屋面的圆洞，如果在构造平面平行于水平面的环境中完成是不可能的；若将构造平面建立在屋面上，作图就很方便。用户根据绘图需要自己建立的坐标系，我们称之为用户坐标系（UCS）。

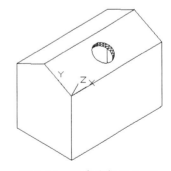

图 9-18　用户坐标系 UCS

2. 在三维绘图中定义用户坐标系

定义用户坐标系(UCS)就是改变坐标系原点以及 XY 坐标面（即构造平面）的位置和坐标轴的方向。在三维空间中，UCS 原点以及 XY 坐标面的位置和坐标轴的方向可以任意改变，也可以随时定义、保存和调用多个用户坐标系。

可以通过以下途径激活 UCS 命令，建立用户坐标系。"新建 UCS 子菜单"如图 9-19 所示，"坐标"面板如图 9-20 所示。

- 菜单："工具"⇨"新建 UCS"⇨"世界/上一个/面/对象/视图/原点/Z 轴矢量/三点/X/Y/Z"；
- 命令行：UCS；
- 功能区："常用/可视化"选项卡⇨"坐标"面板⇨"⟍/⟍/⟍/⟍/⟍/⟍/⟍·/⟍·"按钮。

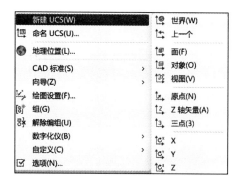

图 9-19　"新建 UCS"子菜单

图 9-20　"坐标"面板

3. 在三维绘图中定义 UCS 举例

例 9-1　在长方体的前表面上画圆，如图 9-21（e）所示。

作图步骤如下：

（1）绘制长方体。选择菜单"绘图"⇨"建模"⇨"长方体"，然后在绘图区中按下鼠标左键并拖动，以确定长方体的长和宽，再根据提示确定长方体的高度，即生成一个长方体，如图 9-21（a）所示。

（2）设置视点。单击菜单"视图"⇨"三维视图"⇨"西南等轴测"，结果如图 9-21（b）所示。

（3）改变坐标原点。单击菜单"工具"⇨"新建 UCS"⇨"原点"，再单击"对象捕捉"工具栏中的"捕捉到端点"按钮，然后拾取长方体左前下方的角点，UCS 如图 9-21（c）所示。

（4）使坐标系绕 X 轴旋转 90°。单击"工具"菜单⇨"新建 UCS"⇨按钮⟍并回车，坐标系将绕 X 轴旋转 90°。此时 UCS 的 XY 坐标面与长方体的前表面重合，如图 9-21（d）所示。

（5）在当前 UCS 平面内画圆，如图 9-21（e）所示。

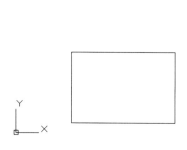

（a）改变视点前的长方体

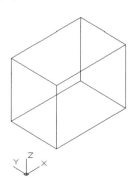

（b）设置视点

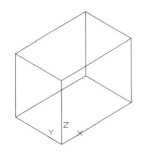
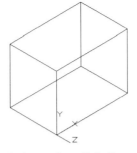
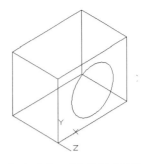

（c）将原点定在长方体的左前下角　　（d）UCS 绕 x 轴旋转 90　　（e）在当前 UCS 平面内画圆

图 9-21　在三维绘图中定义 UCS

9.4　创建三维实体模型

三维实体模型（Solid）是三维图形中最重要的部分，它具有实体的特征，即其内部是实心的，用户可以对三维实体进行打孔、切割、挖槽、倒角以及进行布尔运算等操作，从而形成具有实际意义的物体。在实际的三维绘图工作中，三维实体建模是最常见的。

创建三维实体模型的基本方法有以下几种：

（1）利用 AutoCAD 提供的绘制基本实体的相关命令，直接输入基本实体的控制尺寸，由 AutoCAD 自动生成；

（2）利用拉伸、旋转、扫掠或放样二维闭合对象等方式形成三维实体；

（3）将（1）、（2）所创建的实体进行并集、差集、交集布尔运算得到更加复杂的形体。

在对实体进行消隐、着色、渲染之前，实体以线框方式显示。系统变量 Isolines 用于控制以线框显示时曲面的素线数目；系统变量 Facetres 用于调整消隐和渲染时的平滑度，其值越大，实体表面越平滑。执行实体模型创建的途径通常有以下三种，对应菜单及功能区按钮如图 9-22 和图 9-23 所示。

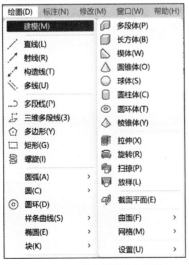

图 9-22　"建模"子菜单

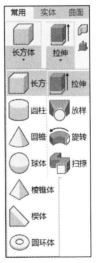

图 9-23　"建模"面板

- 菜单:"绘图" ⇨ "建模"子菜单。
- 功能区:"常用"选项卡⇨"建模"面板。
- 命令行:(相应基本体命令:Box、Sphere、Cylinder 等)。

9.4.1 创建基本实体模型

基本实体包括长方体、球体、圆柱体、圆锥体、楔形体、圆环体。下面分别介绍这些基本实体的绘制方法。

1. 长方体

长方体由底面的两个对角顶点和长方体的高度定义,如图 9-24 所示。可用下面三种方法激活长方体命令:
- 菜单:"绘图" ⇨ "建模" ⇨ "长方体";
- 功能区:"常用"选项卡⇨"建模"面板⇨"长方体";
- 命令行:Box。

绘制长方体的步骤如下:

激活长方体命令,此时命令行提示及操作如下:

命令:_box

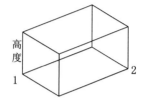

图 9-24 确定长方体的要素

指定第一个角点或[中心(C)]:(指定底面第一个角点 1 的位置)

指定其他角点或[立方体(C)/长度(L)]:(指定对角顶点 2 的位置)

指定高度或[两点(2P)]:[从键盘输入高度值,也可用鼠标在屏幕指定一个距离(当前点到再次单击点的距离)作为长方体的高度]

完成长方体的作图,如图 9-24 所示。

注:也可以指定长方体的长、宽、高或者中心点来绘制创建长方体,读者可自行练习。

2. 球体

球体由球心的位置及半径或直径定义。激活球体命令有以下三种途径:
- 菜单:"绘图" ⇨ "建模" ⇨ "球体";
- 功能区:"常用"选项卡⇨"建模"面板⇨"球体";
- 命令行:Sphere。

绘制球体的步骤如下:

激活球体命令,此时命令行提示及操作如下:

命令:_sphere

指定中心点或[三点(3P)/两点(2P)/相切、相切、半径(T)]:(指定一点作为球心位置)

指定半径或[直径(D)]<默认值>:(从键盘输入半径,也可以用鼠标在屏幕指定一点,该点到球心的距离为半径)

完成球体的作图,经消隐("视图"菜单⇨"消隐")后如图 9-25 所示。其他选项绘制球体,读者可自行练习。

图 9-25 球体

3. 圆柱体

圆柱体由底圆中心、半径（或直径）和圆柱的高度确定。激活圆柱体命令有以下三种途径：

- 菜单："绘图" ⇨ "建模" ⇨ "圆柱体"；
- 功能区："常用"选项卡 ⇨ "建模"面板 ⇨ "圆柱体"；
- 命令行：Cylinder。

绘制圆柱体的步骤如下：

激活圆柱体命令，此时命令行提示及操作如下：

命令：_cylinder

指定底面的中心点或[三点（3P）/两点（2P）/相切、相切、半径(T)/椭圆(E)]：（指定一

点作为底圆中心位置）

指定底面半径或[直径(D)]<默认值>：（从键盘输入半径；也可用鼠标在

屏幕指定一个距离作为半径）

指定高度或[两点（2P）/轴端点(A)]<默认值>：（从键盘输入高度；也

可以用鼠标在屏幕指定一个距离作为高度）

完成圆柱体的作图，经消隐后如图 9-26 所示。

图 9-26　圆柱

注：也可以用此命令绘制底面为椭圆的椭圆柱体。其他选项绘制圆柱体，读者可自行练习。

4. 圆锥体

圆锥体由圆锥体的底圆中心、半径（或直径）和圆锥的高度确定。激活圆锥体命令有以下三种途径：

- 菜单："绘图" ⇨ "建模" ⇨ "圆锥体"；
- 功能区："常用"选项卡 ⇨ "建模"面板 ⇨ "圆锥体"；
- 命令行：Cone。

绘制圆锥体的步骤如下：

激活圆锥体命令，此时命令行提示及操作如下：

命令：_cone

指定底面的中心点或[三点（3P）/两点（2P）/相切、相切、半径(T)/椭圆(E)]：（指定一点作为底圆中心位置）

指定底面半径或[直径(D)]<默认值>：（从键盘输入半径；也可以用鼠标在屏幕指定一个距离作为半径）

指定高度或[两点（2P）/轴端点(A)/顶面半径(T)]<默认值>：（从

键盘输入高度；也可以用鼠标在屏幕指定一个距离作为高度）

完成圆锥体的作图，经消隐后如图 9-27 所示。

注：也可以使用此命令绘制圆台、斜圆锥等。其他选项绘制圆锥体，读者可自行练习。

图 9-27　圆锥体

5. 圆环体

圆环体由圆环的中心、圆环的直径（或半径）和圆管的直径（或半径）确定。激活圆环体命令有以下三种途径：

- 菜单："绘图" ⇨ "建模" ⇨ "圆环体"；
- 功能区："常用"选项卡 ⇨ "建模"面板 ⇨ "圆环体"；
- 命令行：Torus。

绘制圆环体的步骤如下：

激活圆环体命令，此时命令行提示及操作如下：

命令：_torus

指定中心点或[三点（3P）/两点（2P）/相切、相切、半径(T)]：（指定一点作为圆环中心位置）

指定半径或[直径(D)]<默认值>：（从键盘输入半径值；也可以用鼠标在屏幕指定一个距离作为半径）

指定圆管半径或[两点（2P）/直径(D)]：（从键盘输入圆管半径值；也可以用鼠标在屏幕移动一个距离作为半径）

完成圆环的作图，经消隐后如图 9-28 所示。其他选项绘制圆环体，读者可自行练习。

图 9-28　圆环体

6. 棱锥体

棱锥体由棱面数、底面中心、地面多边形的外接圆（或内切圆）的半径、高度所确定。激活棱锥体的命令有以下三种途径：

- 菜单："绘图" ⇨ "建模" ⇨ "棱锥体"；
- 功能区："常用"选项卡 ⇨ "建模"面板 ⇨ "棱锥体"；
- 命令行：Pyramid。

绘制棱锥体的步骤如下：

激活棱锥体命令，此时命令行提示及操作如下：

命令：_pyraid

4 个侧面　外切

指定底面的中心点或[边(E)/侧面(S)]：_S（输入选项 S 以设定棱锥体的棱面数）

输入侧面数 <4>：_5（输入棱面数 5，绘制五棱锥体）

指定底面的中心点或[边(E)/侧面(S)]：（在绘图区适当位置指定棱锥底面中心点）

指定底面半径或[外切(C)]<默认外接圆半径值>：（从键盘输入圆的半径，或者用鼠标指定）

指定高度或[两点（2P）/轴端点(A)/顶面半径(T)]<默认高度值>：（从键盘输入高度值，或用鼠标指定）

完成五棱锥体的作图，如图 9-29 所示。也可以用此命令绘制棱台，其他选项绘制棱锥体，读者可自行练习。

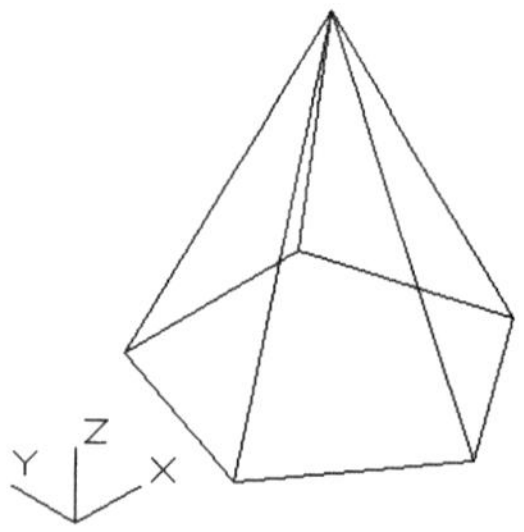

7. 楔体

楔体由底面的一对对角顶点和楔体的高度确定，其斜面正对着第一角点，底面位于 UCS 的 *XY* 平面上，与底面垂直的四边形通过第一个角点且平行于 UCS 的 *YZ* 坐标面，如图 9-30 所示。激活楔体命令有以下三种途径：

图 9-29　棱锥体

- 菜单："绘图" ⇨ "建模" ⇨ "楔体"；
- 功能区："常用"选项卡 ⇨ "建模"面板 ⇨ "楔体"；
- 命令行：Wedge。

绘制楔体的步骤如下：

激活楔体命令，此时命令行提示如下：

命令：_wedge

指定第一个角点或[中心(C)]：（指定底面第一个角点的位置）

指定其他角点或[立方体(C)/长度(L)]：（指定底面对角顶点的位置）

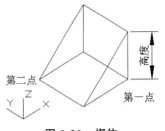

图 9-30　楔体

指定高度或[两点（2P）]<默认值>：（从键盘输入高度值；也可以用鼠标在屏幕指定一距离作为高度）

完成楔体的作图，如图 9-30 所示。其他选项绘制楔体，读者可自行练习。

注：楔体实际上是一个直角三棱柱，两个对角点决定了一个直角棱面，该棱面位于 *XY* 平面内，与其垂直的另一个棱面通过第一点且与 *YZ* 平面平行。

9.4.2　通过二维对象创建三维实体模型

1. 拉伸

将封闭的二维多段线、多边形、圆、椭圆等对象，沿某一指定路径进行拉伸，可以得到三维实体，如图 9-31 所示。拉伸的过程中，不但可以指定拉伸的高度，还可以使截面沿拉伸方向发生变化。

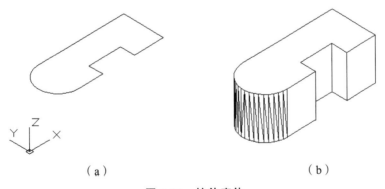

（a）　　　　　　　　　　　　　　　（b）

图 9-31　拉伸实体

激活拉伸实体命令有以下三种途径：

- 菜单："绘图" ⇨ "建模" ⇨ "拉伸"；
- 功能区："常用"选项卡 ⇨ "建模"面板 ⇨ "拉伸"；
- 命令行：Extrude。

通过拉伸创建实体的方法和步骤如下：

（1）在当前 UCS 的 *XY* 平面上绘制封闭的二维多段线（或圆、多边形、椭圆等对象），如图 9-30（a）所示。

（2）激活拉伸实体命令，此时命令行提示如下：

命令：_extrude

当前线框密度：ISOLINES=4，闭合轮廓创建模式 = 实体

选择要拉伸的对象或[模式(MO)]：（选择上一步所画好的闭合图形）

选择要拉伸的对象或[模式(MO)]：找到 1 个

选择要拉伸的对象或[模式(MO)]：（回车结束选择）

指定拉伸的高度或[方向(D)/路径(P)/倾斜角(T)/表达式(E)]<默认值>：（输入拉伸高度，或输入 P 以指定拉伸路径，或输入 T 以指定倾斜角度）

当输入拉伸高度后回车即可生成三维实体。消隐后的三维实体如图 9-31（b）所示。

（a）闭合的多段线；（b）拉伸所得的形体

注：拉伸路径可以是直线也可以是曲线。若不指定拉伸的路径，二维图形将沿 Z 轴方向进行拉伸；拉伸高度为正值时沿 Z 轴的正方向拉伸，为负值时沿 Z 轴的负方向拉伸；若拉伸的倾斜角为 0°（缺省值），则拉成柱体；若指定拉伸路径，则二维图形将沿拉伸路径所确定的方向和距离进行拉伸，拉伸过程不产生倾斜角。

2. 旋转

将封闭的二维对象绕同平面且不相交的轴旋转而形成三维实体。用于旋转生成三维实体的二维对象可以是圆、椭圆、闭合的二维多段线。

激活旋转生成实体命令有以下三种途径：

- 菜单："绘图" ⇨ "建模" ⇨ "旋转"；
- 功能区："常用"选项卡 ⇨ "建模"面板 ⇨ "旋转"；
- 命令行：Revolve。

下面以图 9-32 为例介绍通过旋转创建实体的方法和步骤：

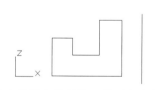 

（a）在主视图中绘制的二维对象和旋转轴　　　　（b）生成的回转体

图 9-32　旋转实体

为使旋转轴平行于正立面，需改变视点：

单击菜单"视图" ⇨ "三维视图" ⇨ "前视"，此时 UCS 的 XY 平面与正立面平行（但我们看到的是向正立面投影的二维图形）。

（1）在当前 UCS 的 XY 平面上用二维多段线绘制闭合的二维图形和旋转轴，如图 9-31（a）所示。

（2）激活 Revolve 命令，此时命令行提示及操作过程如下：

命令：_revolve

当前线框密度：ISOLINES=4，闭合轮廓创建模式 = 实体

选择要旋转的对象或[模式(MO)]：（拾取要旋转的二维图形）

选择要旋转的对象或[模式(MO)]:（回车结束选择）

指定轴起点或根据以下选项之一定义轴[对象(O)/X/Y/Z]<对象>:（利用对象捕捉拾取回转轴的两端点；或者输入"O"以便拾取一条直线作为旋转轴；也可以指定 X、Y、Z 轴作为旋转轴）

指定旋转角度或[起点角度(ST)/反转(R)/表达式(EX)]<360>:（回车取缺省值完成作图）

（3）单击"视图"菜单⇨"三维视图"⇨"西南等轴测"，图形窗口显示轴测图的线框模型。

（4）单击"视图"菜单⇨"消隐"，显示消隐后的轴测图，如图 9-32（b）所示。

3. 扫掠

将封闭的二维对象沿指定二维或三维路径扫掠形成三维实体。用于扫掠生成三维实体的二维对象可以是圆、椭圆、闭合的二维多段线。

激活扫掠生成实体命令有以下三种途径：

- 菜单："绘图"⇨"建模"⇨"扫掠"；
- 功能区："常用"选项卡⇨"建模"面板⇨"扫掠"；
- 命令行：Sweep。

下面以图 9-33 为例介绍通过扫掠创建实体的方法和步骤。

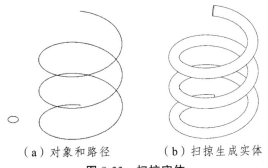

（a）对象和路径　　　　（b）扫掠生成实体

图 9-33　扫掠实体

（1）在当前 UCS 的 XY 平面上绘制闭合的二维图形，并绘制三维扫掠路径，如图 9-33（a）所示。

（2）激活 Sweep 命令，此时命令行提示及操作过程如下：

命令：_sweep

当前线框密度：ISOLINES=4，闭合轮廓创建模式 = 实体

选择要扫掠的对象或[模式(MO)]：_MO

闭合轮廓创建模式[实体(SO)/曲面(SU)]<实体>：_SO

选择要扫掠的对象或[模式(MO)]：（拾取要扫掠的二维图形）

选择要扫掠的对象或[模式(MO)]：（回车结束选择）

选择扫掠路径或[对齐(A)/基点(B)/比例(S)/扭曲(T)]：（选择要扫掠的路径）

（3）单击"视图"菜单⇨"消隐"，显示消隐后的轴测图，如图 9-33（b）所示。

4. 放样

通过在包含两个或更多横截面轮廓的一组轮廓中对轮廓进行放样来创建三维实体。激活放样生成实体的命令有以下三种途径：

- 菜单："绘图" ⇨ "建模" ⇨ "放样"；
- 功能区："常用"选项卡 ⇨ "建模"面板 ⇨ "放样"；
- 命令行：Loft。

下面以图 9-34 为例介绍通过放样创建实体的方法和步骤。

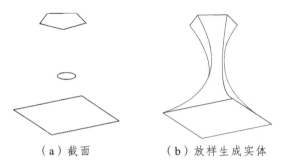

（a）截面　　　　　（b）放样生成实体

图 9-34　放样实体

（1）在三维空间分别绘制闭合的二维图形，如图 9-34（a）所示。

（2）激活 Loft 命令，此时命令行提示及操作过程如下：

命令：_loft

当前线框密度：ISOLINES=4，闭合轮廓创建模式=实体

按放样次序选择横截面或[点(PO)/合并多条边(J)/模式(MO)]：_MO

闭合轮廓创建模式[实体(SO)/曲面(SU)]<实体>：_SO

按放样次序选择横截面或[点(PO)/合并多条边(J)/模式(MO)]：找到 1 个（拾取要扫掠的二维图形）

按放样次序选择横截面或[点(PO)/合并多条边(J)/模式(MO)]：找到1个，总计2个

按放样次序选择横截面或[点(PO)/合并多条边(J)/模式(MO)]：找到1个，总计3个

按放样次序选择横截面或[点(PO)/合并多条边(J)/模式(MO)]：（回车结束选择）

选中了3个横截面

输入选项[导向(G)/路径(P)/仅横截面(C)/设置(S)]<仅横截面>：（回车取缺省值完成作图）

（3）单击"视图"菜单 ⇨ "消隐"，显示消隐后的轴测图，如图 9-34（b）所示。

5. 按住并拖动

按住并拖动二维闭合边界或三维实体的面以创建拉伸或偏移实体。激活按住并拖动命令有以下两种途径：

- 功能区："常用"选项卡 ⇨ "建模"面板 ⇨ "按住并拖动"按钮■；
- 命令行：Presspull。

下面以图 9-35 为例介绍通过"按住并拖动"创建实体的方法和步骤。

（1）在三维空间分别绘制闭合的二维图形和三维实体，如图 9-35（a）所示。

（2）激活"按住并拖动"命令，此时命令行提示及操作过程如下：

命令：_presspull。

选择对象或边界区域：（选择六边形）

指定拉伸高度或[多个(M)]：（输入一个数值或拖动鼠标指定一个距离）

已创建 1 个拉伸

选择对象或边界区域：（选择五棱台的上表面）

指定拉伸高度或[多个(M)]：（输入一个数值或拖动鼠标指定一个距离）

已创建 1 个拉伸

选择对象或边界区域：（回车结束命令）

结束命令，如图 9-35（b）所示。

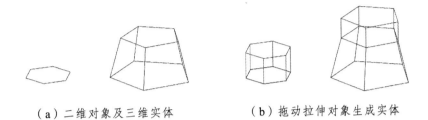

（a）二维对象及三维实体　　　　　（b）拖动拉伸对象生成实体

图 9-35 "按住并拖动"生成实体

9.4.3 三维实体的布尔运算

在三维绘图中，复杂的实体往往不能一次生成，一般都是由相对简单的实体通过布尔运算组合而成的。布尔运算就是对多个三维实体进行求并、求交、求差的运算，使它们进行组合，最终形成用户所需要的实体。

AutoCAD 提供了并集（Union）、差集（Subtract）、交集（Intersect）三种布尔运算操作，它们的菜单激活及功能区激活位置分别如图 9-36、图 9-37、图 9-38 所示。

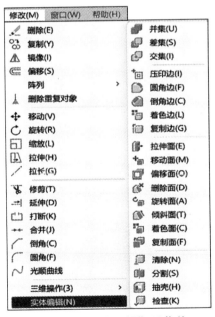

图 9-36 "实体编辑"子菜单

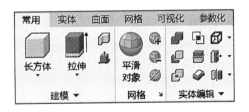

图 9-37 "常用"选项卡"实体编辑"面板

图 9-38 "实体"选项卡"布尔值"面板

1. 并集

并集运算就是将两个或两个以上三维实体合并成一个三维实体。可通过下面的途径之一激活"并集"命令：

- 菜单："修改" ⇨ "实体编辑" ⇨ "并集"；
- 功能区："常用"选项卡 ⇨ "实体编辑"面板 ⇨ "并集"按钮■；
- 功能区："实体"选项卡 ⇨ "布尔值"面板 ⇨ "并集"按钮■；
- 命令行：Union。

激活"并集"命令后，AutoCAD 提示：

命令：_union

选择对象：

此时只要选择要进行合并的实体，如图 9-39（a）中的两个实例，然后按回车键便完成合并操作。两个实体合并后如图 9-39（b）所示。

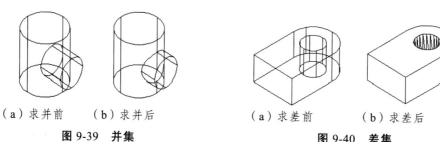

（a）求并前　（b）求并后
图 9-39　并集

（a）求差前　（b）求差后
图 9-40　差集

2. 差集运算

差集就是从一个实体中减去另一个（或多个）实体，生成一个新的实体。可以通过下列途径之一激活"差集"命令：

- 菜单："修改" ⇨ "实体编辑" ⇨ "差集"；
- 功能区："常用"选项卡 ⇨ "实体编辑"面板 ⇨ "差集■"按钮；
- 功能区："实体"选项卡 ⇨ "布尔值"面板 ⇨ "差集■"按钮；
- 命令行：Subtract。

激活"差集"命令后，AutoCAD 提示及操作过程如下：

命令：_subtract

选择要从中减去的实体或面域…

选择对象：[选择被减的实体，如图 9-40（a）中的圆端形板]

选择对象：（按回车键结束选择）

选择要减去的实体或面域…

选择对象：[选择要减去的一组实体，如图 9-40（a）中的圆柱体，按回车键结束选取，完成差集运算]

完成差集运算并消隐后，图形如图 9-40（b）所示。

（a）求交前　（b）求交后
图 9-41　交集

3. 交集

交集运算就是将两个或两个以上的三维实体的公共部分形成一个新的三维实体，而每个实体的非公共部分将会被删除。可以通过下列途径之一激活"交集"命令：

- 菜单："修改" ⇨ "实体编辑" ⇨ "交集"；
- 功能区："常用"选项卡 ⇨ "实体编辑"面板 ⇨ "交集"按钮 🔳；
- 功能区："实体"选项卡 ⇨ "布尔值"面板 ⇨ "交集"按钮 🔳；
- 命令行：Intersect。

激活"交集"命令后，AutoCAD 提示及操作如下：

命令：_intersect

选择对象：[选择进行交集运算的实体，如图 9-41（a）中的半球和长方体]

选择对象：（回车完成求交运算）

经交集运算并消隐后得到的三维实体如图 9-41（b）所示。

9.4.4　创建三维实体模型实例

1. 实例 1——绘制叉拔架

绘制如图 9-42 所示的叉拔架，尺寸要求见图 9-43 所示的三面投影图。

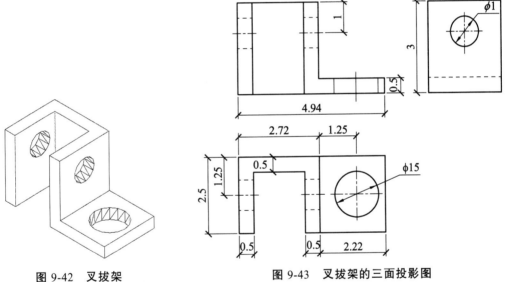

图 9-42　叉拔架 　　　　　图 9-43　叉拔架的三面投影图

操作步骤如下：

（1）确认坐标系为世界坐标系，切换视图为东南等轴测。

（2）按照图 9-43 所示尺寸，在当前 UCS 的 *XY* 平面内绘制 U 形多段线框及矩形线框和圆，如图 9-44 所示。

（3）激活"拉伸"命令，拉伸 U 形多段线框（高 3），拉伸矩形线框和圆（高 0.5）。

（4）新建 UCS，如图 9-45 所示。

（5）在当前 *XY* 平面的指定位置画圆（半径 0.75），如图 9-45 所示。

（6）拉伸生成圆柱体（高 – 2.72），如图 9-46 所示。

（7）激活"差集"命令，分别从 U 形实体及长方体中减去圆柱体，如图 9-47 所示。

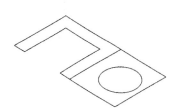

图 9-44 绘制二维对象

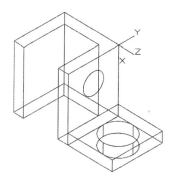

图 9-45 新建 UCS 画圆

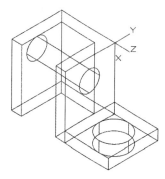

图 9-46 拉伸生成圆柱

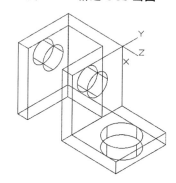

图 9-47 差集运算

（8）激活"并集"命令，合并减去圆柱的 U 形体和长方体。

（9）激活"消隐"命令。消隐后的叉拔架如图 9-42 所示。

2. 实例 2——创建手柄

绘制如图 9-48 所对应的手柄，如图 9-53 所示。

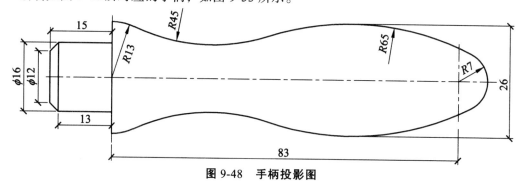

图 9-48 手柄投影图

操作步骤如下：

（1）确认坐标系为世界坐标系，切换视图为西南等轴测。

（2）按照图 9-48 所示尺寸，在当前 UCS 的 XY 平面内绘制图 9-49 所示的二维线框。（为了作图方便，可以把视图先转换为俯视图，画好线框后再调为西南等轴测图。）

（3）激活"旋转"命令，将线框绕线框中的长直线段旋转。

（4）新建 UCS，原点及轴向如图 9-50 所示（视图经过"消隐"）。

228

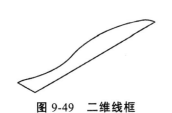

图 9-49 二维线框

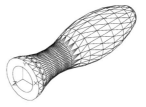

图 9-50 新建 UCS 画圆

（5）在当前 *XY* 平面内指定位置画圆（半径 8），如图 9-50 所示。

（6）激活"按住并拖动"命令，画出圆柱（高度 13），如图 9-51 所示。

（7）激活"圆锥体"命令，画出圆台（下底半径 8，上底半径 6，高 2），如图 9-52 所示。

（8）激活"并集"命令，合并圆台、圆柱及旋转实体；

（9）"消隐"后得到的手柄模型如图 9-53 所示。

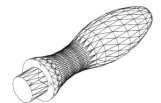

图 9-51 按住并拖动生成圆柱

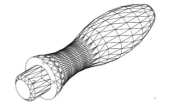

图 9-52 画出圆台

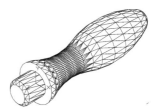

图 9-53 手柄实体

3. 实例 3——绘制轴承座

绘制图 9-54 所示的轴承座，尺寸要求见图 9-55 所示的三面投影图。

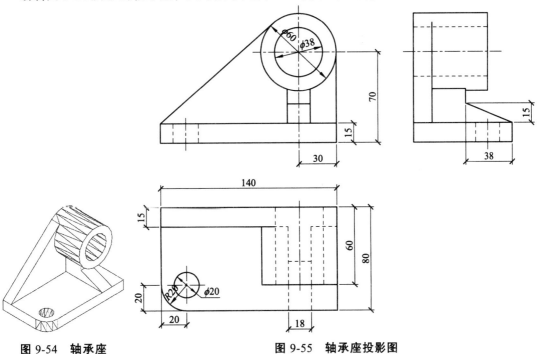

图 9-54 轴承座

图 9-55 轴承座投影图

（1）确认坐标系为世界坐标系，切换视图为西南等轴测。

（2）在当前 UCS 的 XY 平面内绘制底板底面形状（带圆角的矩形）和圆，如图 9-56 所示。

（3）激活"拉伸"命令，拉伸矩形线框和圆（高 15）。

（4）激活"差集"命令，从长方体中减去圆柱体，如图 9-57 所示。

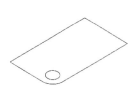 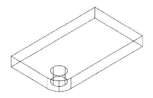

图 9-56　底板形状　　　　　　图 9-57 差集减去底板圆柱

（5）新建 UCS，如图 9-58 所示。

（6）在当前 XY 平面的指定位置画同心圆（半径分别为 19，30），如图 9-59 所示。

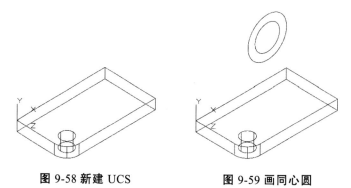

图 9-58 新建 UCS　　　　　　　图 9-59 画同心圆

（7）切换视图为前视图，如图 9-60 所示。

（8）使用"多段线"命令绘制图 9-61 所示多段线线框。

（9）切换视图为西南等轴测，拉伸 9-61 所示线框（高度 15），拉伸同心圆（高度 60），拉伸后如图 9-62 所示。

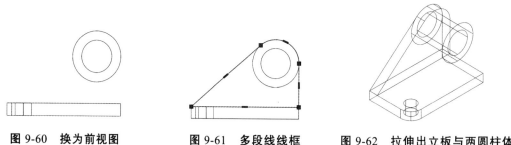

图 9-60　换为前视图　　　图 9-61　多段线线框　　　图 9-62　拉伸出立板与两圆柱体

（10）切换视图为左视图，画出肋板轮廓（可以适当画高些，这里高度采用 36），如图 9-63 所示。

（11）切换视图为西南等轴测，拉伸肋板轮廓（高 18），拉伸后如图 9-64 所示。

（12）在当前 UCS 中将肋板沿 Z 轴向移动 21 到指定位置，如图 9-65 所示。

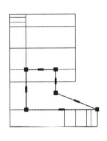

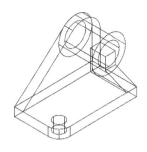

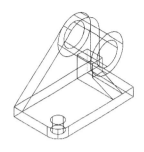

图 9-63　肋板轮廓　　　　　图 9-64　拉伸肋板　　　　　图 9-65　移动肋板

（13）激活"并集"命令，合并底板、立板、肋板、大圆柱体。

（14）激活"差集"命令，在组合体中减去小圆柱体。

（15）"消隐"后得到的轴承座如图 9-54 所示。

9.5　三维实体对象的编辑

用户可以对三维实体进行移动、旋转、阵列、镜像、倒直角、倒圆角、剖切、生成截面、抽壳等操作。其中的移动、旋转、阵列、镜像操作与二维图形类似。这里只介绍几种典型的编辑操作。

9.5.1　倒角

倒角命令可以用来对三维实体进行倒角处理。利用该命令可以切去实体的外角或填充实体的内角。可以通过下列途径之一激活实体倒角边命令：

- 菜单："修改" ⇨ "实体编辑" ⇨ "倒角边"；
- 功能区："实体"选项卡 ⇨ "实体编辑"面板 ⇨ "倒角边"按钮▓；
- 命令行：Chamferedge。

激活命令后，AutoCAD 提示及操作过程如下：

命令：_CHAMFEREDGE 距离 1 = 1.0000，距离 2 = 1.0000

选择一条边或[环(L)/距离(D)]：d

指定距离 1 或[表达式(E)]<1.0000>：（指定位于基面上的倒角距离或回车接受缺省值）

指定距离 2 或[表达式(E)]<1.0000>：（指定倒角的另一个距离或回车接受缺省值）

选择一条边或[环(L)/距离(D)]：（选择要进行倒角的所有边，回车完成倒角操作）

选择环边或[边(E)/距离(D)]：（回车结束选择）

输入选项[接受(A)/下一个(N)]<接受>：（接受或依次选择）

选择环边或[边(E)/距离(D)]：（继续选择或回车结束选择）

按 Enter 键接受倒角或[距离(D)]：（回车结束倒角操作）

注：若输入 L 并回车，则可以选择围绕基面的整条边，AutoCAD 自动将基面上的所有边都选中进行倒角处理。圆端形板倒角后如图 9-66（b）所示。

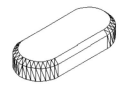

（a）倒角前　　　　　　　（b）倒角后

图 9-66　倒直角边

9.5.2　圆角

圆角（fillet）命令可以用来对三维实体的凸边或凹边倒圆角。可以通过下列途径之一激活实体倒圆角边命令：

- 菜单："修改" ➡ "实体编辑" ➡ "圆角边"；
- 功能区："实体"选项卡 ➡ "实体编辑"面板 ➡ "圆角边"按钮 ；
- 命令行：Filletedge。

激活命令后，AutoCAD 提示及操作过程如下：

命令：_FILLETEDGE

半径 = 1.0000

选择边或[链(C)/环(L)/半径(R)]：R（输入选项或选择边）

输入圆角半径或[表达式(E)]<1.0000>：（输入圆角半径或回车接受缺省值）

选择边或[链(C)/环(L)/半径(R)]：（选择要圆角的边）

选择边或[链(C)/环(L)/半径(R)]：（选择其他要圆角的边，回车则选中的边被倒圆角）

按 Enter 键接受圆角或[半径(R)]：[回车接受倒圆角，如图 9-67（b）所示]

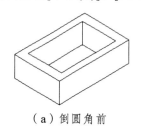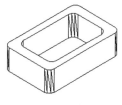

（a）倒圆角前　　　　　　　（b）倒圆角后

图 9-67　倒圆角

9.5.3　剖切实体

可以将三维实体用剖切平面切开，然后根据需要保留实体的一半或两半都保留。通过下列途径之一激活"剖切"命令：

- 菜单："修改" ➡ "三维操作" ➡ "剖切"；
- 功能区："常用"选项卡 ➡ "实体编辑"面板 ➡ "剖切"按钮 ；
- 命令行：Slice。

激活剖切命令后，AutoCAD 提示及操作过程如下：

命令：_slice

选择要剖切的对象：[选择要剖切的三维实体，如图9-68（a）所示的实体]

选择要剖切的对象：（回车确认，结束选择）

指定切面的起点或[平面对象(O)/曲面(S)/z轴(Z)/视图(V)/xy(XY)/yz(YZ)/zx(ZX)/三点（3）]<三点>：zx（用平行于*ZX*的平面作为剖切平面）

指定ZX平面上的点<0，0，0>：（在剖切平面上选择一点）

在所需的侧面上指定点或[保留两个侧面(B)]<保留两个侧面>：B[将两侧都保留下来，如图9-68（b）所示]

剖开后，再删除前半部分，结果如图9-68（c）所示。

注：一般将两侧都保留下来，然后再删除不需要的部分，这样不容易出现误删。

若将UCS的*XY*平面设置在与切断面共面的位置，则可在切断面上绘制剖面线，如图9-68（d）所示。

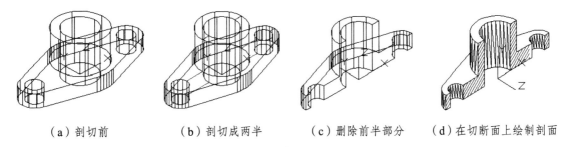

（a）剖切前　　　　　（b）剖切成两半　　　　（c）删除前半部分　　（d）在切断面上绘制剖面

图9-68　实体剖切

9.5.4　截面

用指定的平面对三维实体进行切割，可产生一个截面。产生截面的方法与剖切实体的方法基本相同。

用下面的途径激活截面命令：

● 命令行：Section

激活截面命令后，AutoCAD提示及操作过程如下：

命令：SECTION（简化命令SEC）

选择对象：[选择要生成截面的实体，如图9-69（a）所示的实体]

选择对象：（回车确认，结束选择）

指定 截面 上的第一个点，依照[对象(O)/Z轴(Z)/视图(V)/XY(XY)/YZ(YZ)/ZX(ZX)/三点（3）]<三点>：zx（选择与*ZX*平面平行的平面作为剖切平面）

指定ZX平面上的点 <0，0，0>：[在剖切平面上选择一点，即可生成截面，如图9-69（b）所示]

移动实体，显露截面，如图9-69（c）所示，并对截面进行填充即可得断面图。对截面进行填充，必须使UCS的XY平面与截面共面，如图9-69（d）所示。

（a）切割前的实体

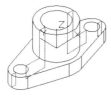
（b）切割产生的截面

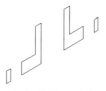
（c）将截面移出

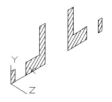
（d）在截面上绘制剖面线

图 9-69　生成截面

9.5.5　拉伸实体的面

　　拉伸实体的面与用 Extrude(拉伸)命令将一个二维对象拉伸成一个三维实体的操作类似。用户可以将实体的某一个面进行拉伸而形成实体，所形成的实体被加入原有的实体中。

　　通过下列途径之一来激活"拉伸面"命令：

- 菜单："修改" ⇨ "实体编辑" ⇨ "拉伸面"；
- 功能区："常用"选项卡 ⇨ "实体编辑"面板 ⇨ "拉伸面"按钮⬚；
- 命令行："Solidedit"命令 ⇨ "面(F)"选项 ⇨ "拉伸(E)"选项。

　　激活拉伸面命令后，AutoCAD 提示及操作过程如下：

　　命令：_solidedit

　　实体编辑自动检查：SOLIDCHECK=1

　　输入实体编辑选项[面(F)/边(E)/体(B)/放弃(U)/退出(X)]<退出>：_face

　　输入面编辑选项[拉伸(E)/移动(M)/旋转(R)/偏移(O)/倾斜(T)/删除(D)/复制(C)/颜色(L)/材质(A)/放弃(U)/退出(X)]<退出>：_extrude

　　选择面或[放弃(U)/删除(R)]：[拾取要拉伸的面，如图 9-70（a）中长方体的顶面]

　　选择面或[放弃(U)/删除(R)/全部(ALL)]：（继续选择，或回车结束选择）

　　指定拉伸高度或[路径(P)]：（指定拉伸高度）

　　指定拉伸的倾斜角度 <0>：（输入拉伸的角度，并按回车键完成拉伸表面的操作）

　　已开始实体校验。

　　已完成实体校验。

　　输入面编辑选项[拉伸(E)/移动(M)/旋转(R)/偏移(O)/倾斜(T)/删除(D)/复制(C)/颜色(L)/材质(A)/放弃(U)/退出(X)]<退出>：（回车结束面编辑命令）

　　实体编辑自动检查：SOLIDCHECK=1

　　输入实体编辑选项[面(F)/边(E)/体(B)/放弃(U)/退出(X)]<退出>：（回车结束实体编辑命令）

（a）顶面拉伸前

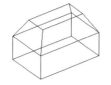
（b）顶面拉伸出棱台

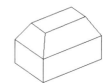
（c）消隐后的形体

图 9-70　拉伸实体的面

长方体的顶面拉伸后得到一个棱台体，但该棱台加到了长方体中而形成一个新的实体。如图 9-70（b）、（c）所示。若拉伸角度为 0，则拉伸出一个柱体，相当于将原柱体增高（或降低）。

9.5.6 移动实体的面

移动实体的面就是将三维实体的面移动到指定位置。这一功能用于修改经过布尔运算以后的实体上的孔、洞的位置是非常方便的。通过下列途径之一来激活"移动面"命令：

- 菜单："修改" ⇨ "实体编辑" ⇨ "移动面"；
- 功能区："常用"选项卡⇨"实体编辑"面板⇨"拉伸面"按钮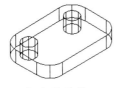；

- 命令行："Solidedit"命令⇨"面(F)"选项⇨"移动(M)"选项。

下面以图 9-71 为例说明移动实体面的方法和步骤。

 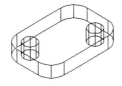 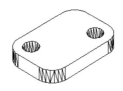

（a）移动前　　　（b）将孔移动到右前角处　　　（c）消隐后的形体

图 9-71　移动实体的面

激活"移动面"命令后，AutoCAD 提示及操作过程如下：

命令：_solidedit

实体编辑自动检查：SOLIDCHECK=1

输入实体编辑选项[面(F)/边(E)/体(B)/放弃(U)/退出(X)]<退出>：_face

输入面编辑选项[拉伸(E)/移动(M)/旋转(R)/偏移(O)/倾斜(T)/删除(D)/复制(C)/颜色(L)/材质(A)/放弃(U)/退出(X)]<退出>：_move

选择面或[放弃(U)/删除(R)]：[选择要移动的面，如图 9-71（a）板右后方圆柱孔的内表面]

选择面或[放弃(U)/删除(R)/全部(ALL)]：（继续选择，或回车结束选择）

指定基点或位移：（利用对象捕捉选取圆柱孔上端圆心作为基点）

指定位移的第二点：[利用对象捕捉选取右前上方圆角的圆心作为目标点，完成移动实体表面的操作，结果如图 9-71（b）、（c）所示]

已开始实体校验。

已完成实体校验。

输入面编辑选项[拉伸(E)/移动(M)/旋转(R)/偏移(O)/倾斜(T)/删除(D)/复制(C)/颜色(L)/材质(A)/放弃(U)/退出(X)]<退出>：（回车结束面编辑命令）

实体编辑自动检查：SOLIDCHECK=1

输入实体编辑选项[面(F)/边(E)/体(B)/放弃(U)/退出(X)]<退出>：（回车结束实体编辑命令）

9.5.7 三维旋转

三维旋转是指三维物体绕某一平行于坐标轴的直线旋转一定角度。

下面以将图9-72所示物体旋转成回转轴垂直水平面为例，说明三维旋转的操作。

通过下面途径激活"三维旋转"命令：

● 菜单："修改" ⇨ "三维操作" ⇨ "三维旋转"。

激活"三维旋转"命令后，AutoCAD命令行提示及操作如下：

命令：_3drotate

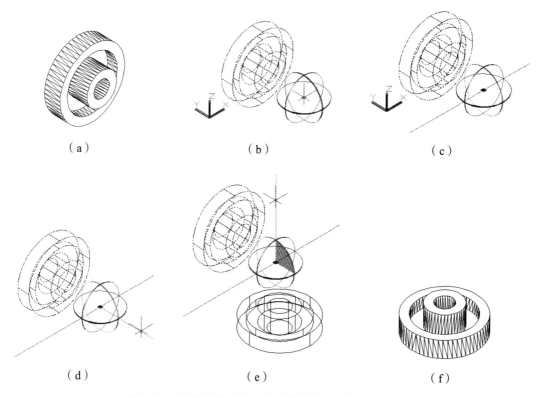

（a）　　　　　　　　（b）　　　　　　　　（c）

（d）　　　　　　　　（e）　　　　　　　　（f）

图9-72　三维旋转（将物体的轴线旋转成铅垂线）

UCS当前的正角方向：ANGDIR=逆时针　　ANGBASE=0

选择对象：（选择要旋转的对象）

选择对象：（回车结束选择）

此时光标处出现三个不同颜色（红、绿、蓝）的椭圆，分别代表垂直于三根坐标轴的圆的轴侧投影，且物体以线框模型显示。

指定基点：[在物体上适当位置或物体附近指定一点（单击鼠标）作为基点，此时三个椭圆固定在基点处，如图9-72（b）所示]

拾取旋转轴：[将光标移动到红色椭圆上，红色椭圆变成黄色，且显示一条通过该椭圆的中心并平行于X轴的直线，该直线即为旋转轴，单击该椭圆即拾取该回转轴，如图9-72（c）所示]

指定角的起点或键入角度：（移动光标到图9-72（d）所示位置并单击鼠标左键）

[将光标移动到90°极轴角的位置，如图9-72（e）所示，单击鼠标左键]

至此，完成物体的三维旋转（绕平行于X轴的直线旋转90°），旋转后经消隐的物体如图9-72（f）所示。

236

注：可以使用 AutoCAD 提供的三维小控件很方便地实现三维旋转、三维移动和三维缩放。在三维视口中选择对象，视口出现三维小控件，可以在单击右键出现的快捷菜单中切换旋转、移动和缩放。

9.6　三维模型的显示效果

在绘制三维图形的过程中，为了便于观察和编辑，AutoCAD 针对三维实体提供了多种显示样式，其中包括消隐、视觉形式、渲染等显示形式。

9.6.1　消隐

前面创建的三维模型都是用线框显示的。用线框显示的三维模型将所有可见和不可见的轮廓线都显示出来，不能准确地反映物体的形状和观察方向。用户可以利用 Hide 命令对三维模型进行消隐。对于单个三维模型，可以消除不可见的轮廓线；对于多个三维模型，可以消除所有被遮挡的轮廓线，使图形更加清晰，观察起来更加方便。图 9-73（a）为消隐前的情况，图 9-73（b）为消隐后的效果。

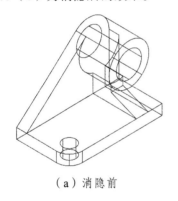
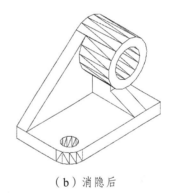

（a）消隐前　　　　　　　　　　　　　　（b）消隐后

图 9-73　"消隐"显示效果

通过下列途径之一可激活消隐命令：
- 菜单："视图" ⇨ "消隐"；
- 命令行：Hide。

注：激活消隐命令后，用户无须进行目标选择，AutoCAD 将当前视口内的所有对象自动进行消隐。消隐所需的时间与图形的复杂程度有关，图形越复杂，消隐所耗费的时间就越长。

9.6.2　视觉样式

视觉样式是一组设置，主要有二维线框、线框（三维线框）、消隐、真实和概念等视觉样式。其中"二维线框""概念""真实"是比较常用的显示模式。切换视觉样式的方式可以通过以下途径：

- 菜单："视图" ⇨ "视觉样式" ⇨ "二维线框/线框/消隐/真实/概念等";
- 功能区："常用"选项卡 ⇨ "视图"面板 ⇨ "真实"等的下拉列表，如图 9-74 所示；
- 视口左上角的"视觉样式控件"，如图 9-75 所示。

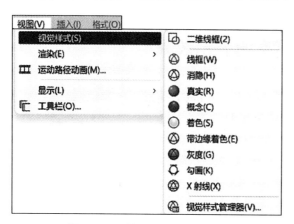

图 9-74　"视觉样式"子菜单

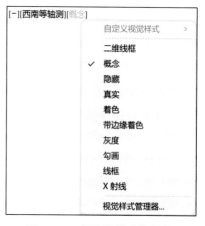

图 9-75　"视觉样式"控件

1. 二维线框和线框（三维线框）

"二维线框"和"线框"选项均用于显示用直线和曲线表示边界的对象，但线框的坐标系显示为着色的图标，如图 9-76（b）所示。用建模方法和实体编辑得到的模型缺省用二维线框显示，如图 9-76（a）所示。

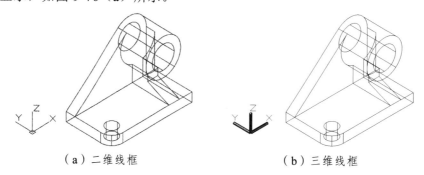

（a）二维线框　　　　　　　　　　　（b）三维线框

图 9-76　二维线框和三维线框

2. 消隐

"消隐"除了消除不可见的轮廓线之外，曲面只显示轮廓线，而不显示构成曲面的三角形小平面，而且坐标系显示为着色的图标，如图 9-77 所示。

注意：（1）"视觉样式"中的"消隐"与"视图"菜单下的"消隐"有所不同，"视图"菜单下的"消隐"只消除了不可见的轮廓线而不消除曲面的三角形小平面。

（2）当系统变量"dispsilh"设为 1 时，"视图"菜单下的"消隐"与"视觉样式"中的"消隐"的结果相同，只是坐标系图标不显示为着色的图标。

图 9-77　视觉样式的消隐

3. 真实

消隐可以增强图形的清晰度，而"真实"可以使三维实体产生更真实的图像。

当物体被赋予某种材质时，"真实"视觉样式将显示材质的质感；否则将按物体的颜色显示。图 9-78 为按"真实"显示的效果，赋予物体的材质为灰石色金属漆材质。

图 9-78　"真实"显示效果

图 9-79　"概念"显示效果

4. 概念

"概念"显示效果与"真实"显示效果类似，但不显示材质，只按物体的颜色显示。着色有冷暖色的过渡，效果缺乏真实感，但是可以更方便地查看模型的细节，如图 9-79 所示。

注意：用"三维消隐""概念"或"真实"的视觉样式显示的物体，如果需要做进一步编辑修改，则需要用"二维线框"或"三维线框"的视觉样式显示，以方便操作。

9.7　由三维实体模型生成视图和剖视图

9.7.1　概述

在 AutoCAD 中绘制组合体的视图和剖视图，通常是在二维绘图环境下进行。用二维绘图的方法来绘制视图和剖视图，通常是遵照"长对正、高平齐、宽相等"的"三等"投影规律，并借助 AutoCAD 提供的基本绘图命令和图形编辑命令，逐一地画出构成视图的每一条图线，与手工绘图的原理基本相同。采用这种方法绘制组合体的视图和剖视图，绘图工作量大，而且所绘制图形中很容易遗漏图线和出现投影错误。在 AutoCAD 中，还可以由组合体的三维实体模型，通过投影转化获得组合体的视图和剖视图的方法。采用这种方法绘制的视图和剖视图，与其三维实体之间具有内在的联系，所以不会遗漏图线和产生投影错误，而且绘图效率较高。

9.7.2　三维实体模型生成视图和剖视图的操作过程及要点

物体的三视图实际上是将空间三维形体分别沿 X、Y、Z 投影轴向三个投影面投影所得到的。首先要在模型空间中构造出组合体的三维实体模型，然后将其转化为视图和剖视图。

下面我们将图 9-80 所示的两个实体模型，分别绘制生成它们对应的三视图或带剖视图的三视图。

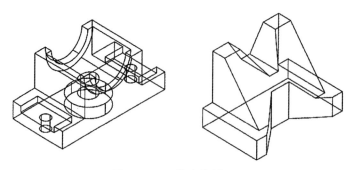

图 9-80　三维实体模型

1. 进入图纸空间

单击绘图窗口下面的"布局 1"选项卡或状态栏上的"模型/图纸"切换按钮，进入图纸空间，并删除原布局中视口。

2. 设置绘图标准

单击功能区"常用"选项卡 ⇨ "视图"面板右下角的箭头，打开"绘图标准"对话框，如图 9-81 所示，确定选择"第一角度"投影类型。

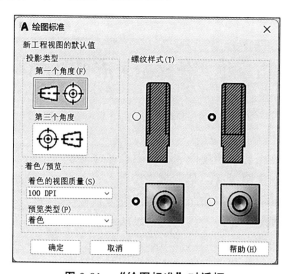

图 9-81　"绘图标准"对话框

3. 生成基础视图及子视图

基础视图又称父视图，是生成其他视图的基础，通常取前视图作为基础视图比较方便，方法如下：

（1）单击功能区"常用"选项卡 ⇨ "视图"面板 ⇨ "基点"按钮，选择"从模型空间"按钮，激活命令 VIEWBASE，功能区出现图 9-82 所示"工程视图创建"上下文选项卡。

图 9-82　"工程视图创建"选项卡

（2）在"工程视图创建"选项卡的"选择"面板中单击"模型空间选择"按钮，在模型空间中修改创建三视图所对应的模型（本例只选择图 9-80 中右侧的模型）。

（3）在"工程视图创建"选项卡的"方向"面板选择"前视"。

（4）在"工程视图创建"选项卡的"外观"面板"隐藏线"下拉单击"可见线和隐藏线"按钮；"外观"面板"比例列表"下拉单击视图比例（本例选用比例为 1：4）。

（5）在布局中左上方区域单击基础视图的放置位置。

（6）单击"工程视图创建"选项卡的变绿的"确定"按钮，布局中就生成了前视图。

（7）在前视图的下方适当位置单击生成俯视图，在前视图的右方适当位置单击生成左视图。

（8）回车结束命令。

得到三视图如图 9-83 所示。这样得到的三视图完全符合"长对正、高平齐"的投影对正关系。

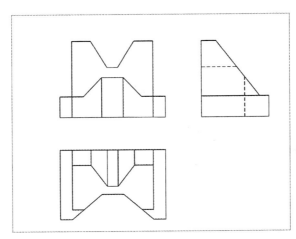

图 9-83　模型的三视图

注：这里的俯视图与左视图是在前视图的基础上生成的，两投影图继承了前视图的视图设置特性。

3. 生成剖视图

将图 9-80 左侧的模型生成带剖视的三视图。步骤如下：

（1）单击绘图窗口下面的"布局 2"选项卡，进入图纸空间，并删除原布局中视口。

（2）单击功能区"常用"选项卡 ⇨ "视图"面板 ⇨ "基点"按钮，选择"从模型空间"按钮，激活命令 VIEWBASE。

（3）在图 9-82 所示"工程视图创建"上下文选项卡的"选择"面板中单击"模型空间选择"按钮，在模型空间中选择保留图 9-80 左侧的模型；在"方向"面板中选择"俯视"；在

"外观"面板"比例列表"下拉列表中单击视图比例（本例选用比例为1∶4）。

（4）在布局中左下方区域单击基础视图的放置位置。

（5）单击变绿的"确定"按钮，布局中就生成了俯视图，如图9-84所示。

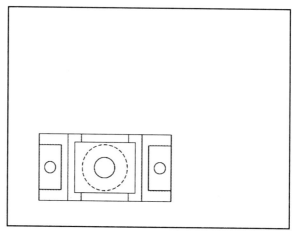

图 9-84　创建俯视图

（6）单击功能区"布局"选项卡的"创建视图"面板的"截面"按钮下拉"全剖"，激活 VIEWSECTION 命令。

（7）选择俯视图作为父视图，功能区出现"截面视图创建"上下文选项卡。

（8）修改"截面视图创建"上下文选项卡"注释"面板中的"标识符"为1。

（9）根据命令提示选择俯视图中左右边线的中点（可以适当各向外偏移2~3 mm）作为截面的起止点。

（10）回车结束，生成1-1剖视图，如图9-85所示。

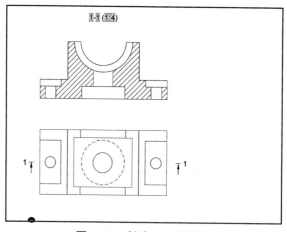

图 9-85　创建 1-1 剖视图

（11）重复上述步骤（6）~（10），由1-1剖视图作为父视图，在其右侧生成2-2剖视图，如图9-86所示。

（12）打开"线宽"按钮，显示线宽，如图9-87所示。

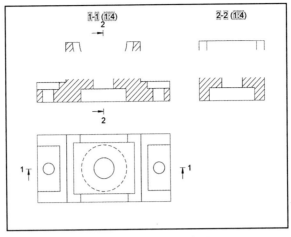

图 9-86　创建 2-2 剖视图

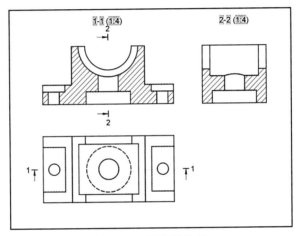

图 9-87　显示线宽后

（13）修改线宽，添加中心线。

① 单击"常用"选项卡的"图层"面板中的"图层特性"按钮，打开"图层特性管理器"对话框，如图 9-88 所示。

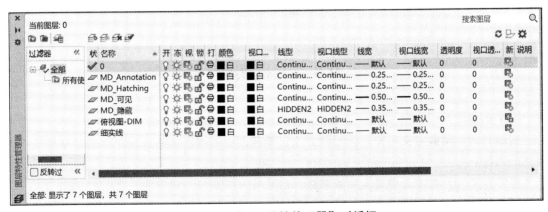

图 9-88　"图层特性管理器"对话框

图层名称加后缀"-可见""-隐藏""-DIM""Hatching",分别存放可见轮廓线、不可见轮廓线、尺寸标注、填充图案。可以根据需要修改各图层的特性,这里将"MD-隐藏"的线宽修改为了 0.25。新建了图层"中心线",并将其置为当前层,如图 9-89 所示。

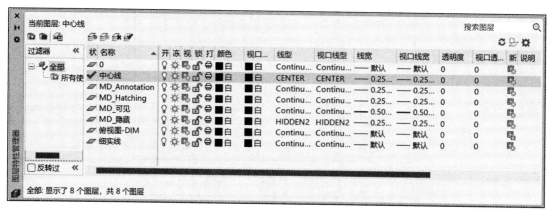

图 9-89 修改后的"图层特性管理器"对话框

② 在布局中添加中心线。修改后视图和剖视图如图 9-90 所示。

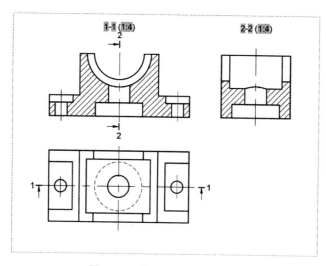

图 9-90 带剖视图的三视图

9.8 上机实验

(1)创建图 9-91、图 9-92、图 9-93、图 9-94 所示物体的三维模型。

实验目的:掌握定义用户坐标系的方法;掌握创建基本形体并进行布尔运算从而生成组合体的方法。

提示:用拉伸的方法创建各组成部分,然后对各组成部分进行并、交、差运算。

(2)将所绘制的三维模型按"概念"的视觉样式显示。

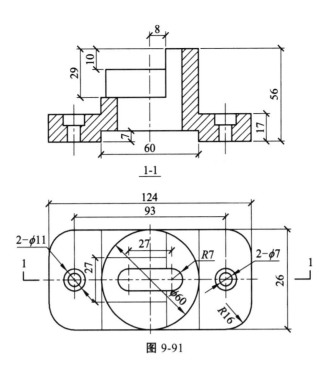

1-1

图 9-91

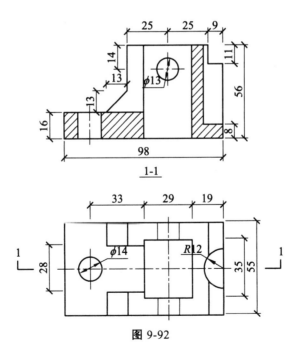

1-1

图 9-92

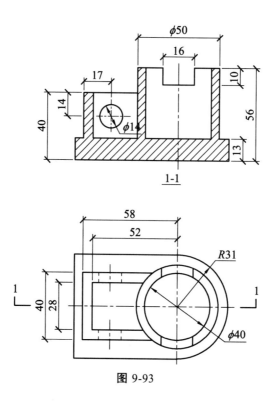

图 9-93

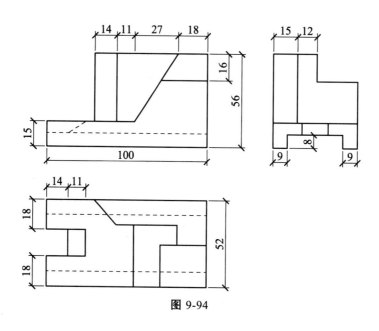

图 9-94

参考文献

[1] 唐广，邱荣茂. 计算机绘图 AutoCAD 2014. 北京：中国铁道出版社，2017.

[2] 刘昌丽，张日晶，胡仁喜，等. AutoCAD 2012 中文版三维造型实例教程. 北京：机械工业出版社，2011.